U0158776

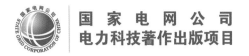

国家电网公司
电力科技著作出版项目

电化学储能系统经济性评价

国网智能电网研究院有限公司　组编

中国电力出版社
CHINA ELECTRIC POWER PRESS

内容提要

本书基于国家电网有限公司 2019 年技术服务项目《电化学储能系统经济性测算》相关研究成果，全面阐述了电化学储能系统经济性测算的方法及在不同应用场景的测算案例。全书共分 5 章，包括全生命周期投资成本分析方法、应用场景梳理及成本核算、多应用场景储能系统收益分析、典型区域储能投资收益分析及总结与展望。

本书可供从事电化学储能系统研发、施工、运维等人员参考学习使用，也可作为高等院校相关专业师生的自学用书和参考书。

图书在版编目（CIP）数据

电化学储能系统经济性评价 / 国网智能电网研究院有限公司组编 . — 北京：中国电力出版社，2024.3

ISBN 978-7-5198-8354-6

Ⅰ . ①电⋯　　Ⅱ . ①国⋯　　Ⅲ . ①电化学—储能—经济分析—研究　　Ⅳ . ① TM62

中国国家版本馆 CIP 数据核字（2023）第 227708 号

出版发行：中国电力出版社
地　　址：北京市东城区北京站西街 19 号（邮政编码 100005）
网　　址：http://www.cepp.sgcc.com.cn
责任编辑：王蔓莉（010-63412791）
责任校对：黄　蓓　朱丽芳
装帧设计：张俊霞
责任印制：石　雷

印　　刷：北京九天鸿程印刷有限责任公司
版　　次：2024 年 3 月第一版
印　　次：2024 年 3 月北京第一次印刷
开　　本：710 毫米 ×1000 毫米　16 开本
印　　张：11
字　　数：153 千字
定　　价：68.00 元

编委会

主　　编　白会涛

副 主 编　王　博　李　慧

参编人员　徐　丽　薛　晴　郭　凡　李圣驿

当前能源发展正处于转型变革的关键时期，面临着前所未有的机遇和挑战。现代电网面临能源转型的挑战主要体现在可再生能源并网消纳问题突出、电网支撑新形态"源—荷"平衡挑战大、电力市场机制不健全等方面。电化学储能技术具有灵活响应和双向调节的技术特点，能够极大地改善送端电网外送能力和受端电网接纳能力，是提升电网韧性的重要手段，对于电网发展有着不可替代的作用。

市场化推广及应用的过程中，由于政策、市场机制和自身技术特点等原因，电网侧储能存在成本疏导困难和商业模式不清晰等问题，发展面临困境。2019年5月，《国家发展改革委 国家能源局关于印发〈输配电定价成本监审办法〉的通知》（发改价格规〔2019〕897号）明确电储能设施不得纳入输配电定价成本，相关产业投资成本疏导面临问题。

不同应用场景对储能技术的性能要求有所不同，而储能成本及收益则是决定储能技术应用和产业发展规模最重要的因素。如何准确、高时效性地测算不同应用场景下各种储能技术的成本构成、收益现金流、投资回收期等财务指标，是关系到相关单位制定投资决策、经营战略的重要问题。储能技术成本的有效控制以及商业模式的明确无疑将促进储能资本投资回收期不断缩短并逐步靠近盈利点，从而提高市场积极性，这是投资者、设备厂商、经营方、使用方共同关心的话题。

本书针对以上重大关切问题，从应用广泛的电化学储能技术主体出发，明确了电化学储能相关技术成本测算方法及现阶段成本情况、不同应用场景下储能收益情况，最后结合成本及收益测算方法，分析了典型区域、典型应用场景的储能项目收益现状。

由于作者水平有限，书中难免有疏漏和不足之处，恳请广大读者批评指正。

编者

2023年12月

目录

1　电化学储能系统全生命周期投资成本分析方法

根据时长要求的不同，储能的应用场景大致可以分为容量型（≥4h）、能量型（1~2h）、功率型（≤30min）和备用型（≥15min）。不同应用场景对储能技术的性能要求有所不同，而储能成本则是决定储能技术应用和产业发展规模最重要的因素。本章结合产业调研数据，阐述了电化学储能系统全生命周期投资成本分析方法，对储能度电成本和里程成本进行测算，对不同电池技术成本构成做出分析，并根据成本结构做出不同电化学储能系统成本发展的预测。

全生命周期成本分析（Life Cycle Cost Analysis，LCCA）是一种项目评价的经济方法。在这种方法中，由于拥有、运行、维护修理和最终的处置而发生的所有成本都被认为是决策相关成本。美国国家标准和技术研究院定义全生命周期成本（Life Cycle Cost，LCC）为"拥有、运行、维护修理和处置某一项目或项目系统所发生的成本在一段时期内的贴现值的总和"。电化学储能电站全生命周期成本可以分为初始投资成本和运行成本，其中储能电站的初始投资成本主要包括储能系统成本、功率转换成本和土建成本，运行成本则包括运维成本、回收残值和其他附加成本（如检测费、入网费等）。储能电站全生命周期的成本构成如图1-1所示。

图 1-1   储能电站全生命周期的成本构成

1.1   储能电站初始投资成本

储能电站的初始投资成本主要包括储能系统成本、功率转换成本和土建成本。

1.1.1   系统成本

系统成本包括储能系统的材料成本和制造成本。由于任何储能系统都具有一定的能量特性和功率特性，因此同一储能技术应用在容量型和功率型场景时，可以分别采用储能系统能量成本 $C_{\mathrm{sys-e}}$（万元/MWh）和储能系统功率成本 $C_{\mathrm{sys-p}}$（万元/MW）来进行评价。

1.1.2   功率转换成本

电化学储能电站功率转换器（含软件）的成本目前为 50 万～80 万元/MW。储能系统额定功率与额定容量的比值（P/E）决定了不同类型储能技术配置的功率转换器比例。功率转换成本的计算见下式：

$$C_{\mathrm{pcs-e}}=\lambda_{\mathrm{P/E}}C_{\mathrm{pcs-p}} \qquad (1-1)$$

式中 $C_{\mathrm{pcs-e}}$（万元/MWh）和 $C_{\mathrm{pcs-p}}$（万元/MW）——容量型和功率型储能
场景下储能技术的功
率转换成本；

$\lambda_{\text{P/E}}$——储能系统额定功率与额定

容量的比值。

1.1.3 土建成本

储能电站的土建成本包括储能电站的设计、施工和改建成本，通常占储能系统成本总额的3%～10%。电化学储能中，液流电池的土建成本要高一些，其他电化学储能电站的土建成本比较接近。

$$C_{\text{bop-e}}=\lambda_{\text{bop}}C_{\text{sys-e}} \qquad (1-2)$$

$$C_{\text{bop-p}}=\lambda_{\text{bop}}C_{\text{sys-p}} \qquad (1-3)$$

式中　$C_{\text{bop-e}}$（万元/MWh）和$C_{\text{bop-p}}$（万元/MW）——容量型和功率型储

能场景下储能技术

的土建成本；

λ_{bop}——土建成本与系统成本

的比值。

1.2　储能电站运行成本

储能电站的运行成本包括运维成本、回收残值和其他附加成本（如检测费、入网费等）。

1.2.1 运维成本

运维成本主要包括保障储能电站在服役期间正常运行需要投入的燃料动力费、维护保养费、零部件更换费、折旧费、人工费以及部分储能器件的重置费用。电池储能的年运行维护成本包括固定运行维护成本和可变运行维护成本。其中，固定运行维护成本包括人力成本和管理成本等，与运行过程无关。可变年运行维护成本随系统的运行状态和外部条件发生变化，包括电费、燃料费等。由于电化学储能的环境维护系统一直需要运行，因此每隔3年左右会有空调、净化、恒温系统的检修和零部件（如风扇叶片和滤网）更换。综合起来，运维成本占储能系统成本总额的1%~10%，具体数值与电池类型有关。

储能电站运维成本的计算如下：

$$C_{om-e} = \lambda_{om} C_{sys-e} + C_{rep-e} \tag{1-4}$$

$$C_{om-p} = \lambda_{om} C_{sys-p} + C_{rep-p} \tag{1-5}$$

式中　C_{om-e}（万元/MWh）和 C_{om-p}（万元/MW）——容量型和功率型储能场景下储能技术的运维成本；

　　　C_{rep-e}（万元/MWh）和 C_{rep-p}（万元/MW）——容量型和功率型储能场景下储能器件的重置成本；

　　　λ_{om}——运维成本与系统成本的比值。

1.2.2 回收残值

电站回收残值是储能电站服役结束后除去处置成本的剩余价值。储能电站的处置成本包括资产评估费、资产清理费、拆解运输费及回收再生处理费用等，而储能电站中的金属材料和部分器件等具有回收再利用价值。目前大部分储能技术从示范转向规模化应用的过程中，忽略了回收技术和回收成本问题，存在一定的环境负荷风险。未来随着储能产业的规模发展，回收再利用将成为储能产业资源可持续发展的关键环节。储能电站残值占储能系统成本的3%~40%，具体值与技术类型有关。

储能系统的回收残值计算公式如下：

$$C_{rec-e} = \lambda_{rec} C_{sys-e} \tag{1-6}$$

$$C_{rec-p} = \lambda_{rec} C_{sys-p} \tag{1-7}$$

式中 C_{rec-e}（万元/MWh）和 C_{rec-p}（万元/MW）——容量型和功率型场
景下储能技术的回
收残值；

λ_{rec}——储能电站残值与储
能系统成本的比值。

1.2.3 其他附加成本

其他附加成本主要包括银行贷款利息、入网检测费、项目管理费等附加
费用。由于缺乏相关的并网接入、调度运行、安全保障和回收处置标准，目
前储能项目的其他成本核算缺乏规范性，占储能系统成本总额的10%～20%。
未来随着储能项目实施标准的规范化，这部分成本将显著降低。

储能系统的其他附加成本计算公式如下：

$$C_{oth-e}=\lambda_{oth}C_{sys-e} \tag{1-8}$$

$$C_{oth-p}=\lambda_{oth}C_{sys-p} \tag{1-9}$$

式中 C_{oth-e}（万元/MWh）和 C_{oth-p}（万元/MW）——容量型和功率型场景
下储能技术的其他附
加成本；

λ_{oth}——其他附加成本与系统
成本的比值。

1.3 储能系统的度电成本和里程成本测算方法

基于储能全生命周期建模的储能平准化（度电）成本是目前国际上通用
的储能成本评价指标。度电成本的评价适合容量型储能场景（如削峰填谷），
因为可以将其直接与峰谷电价差进行比较，从而判断储能投资是否具有经济
效益。但是，在功率型调频储能场景下，采用里程成本作为功率型储能经济

性的评判标准更为合理。

1.3.1 度电成本测算方法

度电成本也称平准化成本（Levelized Cost of Electricity，LCOE），是对储能电站全生命周期内的成本和发电量进行平准化后计算得到的储能成本，即储能电站总成本/储能电站总处理电量，表示储能系统单位放电量所承担的综合成本。

由于缺乏储能系统的可靠运行数据，目前多数电化学储能的度电成本是依据电池单体循环寿命或储能系统服役年限要求来分析测算。由于电池受一致性、系统集成技术和实际工况等影响，实际的储能系统寿命与实验室电池单体测试数据差别巨大，因此需要结合大量调研数据重新计算储能度电成本，真实反映目前各类容量型储能技术的经济性。

针对度电成本，除考虑储能技术的使用寿命外，还应考虑电站能量效率以及电化学储能技术的放电深度和容量衰减等。

度电成本的计算公式如下：

$$
\begin{aligned}
度电成本 &= \frac{总成本}{总处理电量} \\
&= \frac{C_{sum}}{E_{sum}} \\
&= \frac{C_{sys\text{-}e}+C_{pcs\text{-}e}+C_{bop\text{-}e}+C_{om\text{-}e}+C_{oth\text{-}e}-C_{rec\text{-}e}}{nDOD\eta\zeta}
\end{aligned}
\tag{1-10}
$$

式中　C_{sum}——储能电站全生命周期的总成本，万元/MWh；

E_{sum}——储能电站全生命周期总处理电量与额定能量比；

$C_{sys\text{-}e}$——储能系统在容量型应用场景下的能量成本，万元/MWh；

$C_{pcs\text{-}e}$——储能系统在容量型应用场景下的功率转换成本，万元/MWh；

$C_{bop\text{-}e}$——储能系统在容量型应用场景下的土建成本，万元/MWh；

$C_{om\text{-}e}$——储能系统在容量型应用场景下的运维成本，万元/MWh；

$C_{oth\text{-}e}$——容量型应用场景下的储能电站其他成本，万元/MWh；

C_{rec-e}——容量型应用场景下的储能电站残值，万元/MWh；

n——储能系统在设计放电深度下的循环寿命，次；

DOD——depth of discharge 的缩写，即放电深度，%；

η——储能系统能量效率，%；

ζ——储能系统每次循环的等效容量保持率，%。

物理储能系统随时间的容量损耗非常小，ζ 设为1，对于电化学储能，则有：

$$\zeta = \frac{\int_{1}^{n}\left[1-(N-1)\frac{1-\varepsilon}{n}\right]\mathrm{d}N}{n} \tag{1-11}$$

式中 ε——储能系统寿命终止❶时的容量保持率，%；

n——储能系统在设计 DOD 下的循环寿命，次。

根据调研及文献数据，表1-1和图1-2给出了不同储能技术度电成本计算的典型参数和度电成本范围。

表 1-1   储能技术度电成本计算用典型参数

技术名称	DOD（%）	η（%）	ε（%）	n（次）
抽水蓄能	100	76	100	14000~18000
铅碳电池	70	80	70	2500~3500
全钒液流电池	90	72	70	6000~8000
钠硫电池	100	83	70	3800~5000
磷酸铁锂电池	90	88	70	3500~5000
三元锂电池	90	90	70	3000~3700

对于容量型磷酸铁锂电池储能电站，目前系统能量成本为150万~230万元/MWh，储能系统额定功率与额定容量的比值为1:3~1:6，功率转换成本约10万元/MWh，土建成本5万元/MWh，电池平均年更换年为1%，系统寿命

---

❶ 对于容量型储能场景的电化学储能系统，目前并没有统一的终止标准。综合考虑到系统安全性（尤其是内部短路风险）及电池容量衰减特性（跳水式衰减拐点），本书选 ε =70%为系统终止报废标准。

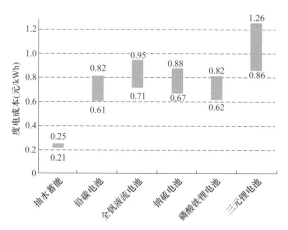

图 1-2　几类典型储能技术的度电成本

7年，电站总运维成本15万元/MWh，其他附加成本约15万元/MWh，电站残值取2%。系统寿命终止时，电站土建和功率转换等残值按50%计算，电站总残值约12万元/MWh。90%DOD下，储能系统的循环寿命按照3500~5000次计算，系统效率88%，系统容量保持率降至70%时认为寿命终止，估算所得容量型磷酸铁锂储能电站的度电成本为0.62～0.82元/kWh。

1.3.2　里程成本测算方法

对于功率型储能场景（如电力辅助调频），度电成本则不适合作为直接评价参数来评估该场景的储能经济效益。以美国电力市场为例，储能辅助调频的快速响应电源与常规调频电源相比，在实际运行中完成调频任务的数量、质量以及对电网运行控制的贡献率方面有显著优势。调频市场仅对机组提供容量补偿是不合理的，因此美国各区域电力市场按照联邦能源管理委员会颁布的755号法案《批发电力市场的调频服务补偿》的要求，将调频市场拆分为容量市场和里程市场两部分，同时制定量化评价方法对机组的调频效果进行评定。

里程成本指的是在功率型调频储能电站的生命周期内，平均到单位调频里程的电站投资成本，即储能电站总投资/储能电站总调频里程。目前，中国各区域的《发电厂辅助服务管理实施细则》也在一定程度上借鉴了美国

Pennsylvania New Jersy Maryland（PJM）调频市场的效果评价方法，以实际调频里程为结算单位。因此，在调频场景下，采用里程成本作为功率型储能经济性的评判标准更为合理。

里程成本是评价储能电站参与电网一次调频或二次调频经济性的重要指标。电网的一次调频指的是利用机组调速器及负荷特性，自发吸收电网高频低幅负荷波动，减少频率变化，时间尺度在秒级至分钟级，火电机组的响应时间通常在 10 ~ 30s 之间；二次调频即 AGC 调频，是由机组跟随 AGC 指令以平抑区域控制偏差，实现无差调节。由于受能量转换机械过程的限制，火电机组提供二次调频的响应速度比一次调频要慢，响应时间一般需要 1 ~ 2min。调频里程是指一段时间内调频指令变化的绝对值之和，体现机组完成调频任务量的多少：

$$S^{\mathrm{mil}} = \sum_{k=1}^{T-1} \left| P_{k+1}^{\mathrm{fr}} - P_k^{\mathrm{fr}} \right| \tag{1-12}$$

式中　k——运行时刻；

　　　T——统计总时长，min；

　　　S^{mil}——调频里程，MW；

　　　P_k^{fr}——k 时刻的调频输出功率，MW/min。储能电站的出力值近似等于机组的调频里程。

下面以 AGC 辅助调频应用场景示例说明调频里程的计算方法：

$$\begin{aligned}
里程成本 &= \frac{总投资}{总调频里程} \\
&= \frac{C_{\mathrm{sum}}}{S_{\mathrm{sum}}} \\
&= \frac{C_{\mathrm{sys\text{-}p}} + C_{\mathrm{pcs\text{-}p}} + C_{\mathrm{bop\text{-}p}} + C_{\mathrm{om\text{-}p}} + C_{\mathrm{oth\text{-}p}} - C_{\mathrm{rec\text{-}p}}}{N_C \beta \eta \alpha}
\end{aligned} \tag{1-13}$$

N_C 的计算公式如下：

$$N_C = \frac{24 \times 60 \times \psi \times 365 \times Y}{t_{\mathrm{eff}} + t_{\mathrm{int}}} \tag{1-14}$$

式中　C_{sum}——储能电站全生命周期的总成本，万元/MW；

　　　S_{sum}——储能电站全生命周期总调频里程；

$C_{\text{sys-p}}$——储能系统功率成本,万元/MW;

$C_{\text{pcs-p}}$——储能系统在功率型应用场景下的功率转换成本,万元/MW;

$C_{\text{bop-p}}$——储能系统在功率型应用场景下的土建成本,万元/MW;

$C_{\text{om-p}}$——储能系统在功率型应用场景下的运维成本,万元/MW;

$C_{\text{oth-p}}$——功率型应用场景下的储能电站其他成本,万元/MW;

$C_{\text{rec-p}}$——功率型应用场景下的储能电站残值,万元/MW;

N_C——电站全生命周期内的有效调频响应次数,次;

β——调频出力系数,是储能电站参加有效AGC调频响应时,实际响应的调频功率与电站的额定功率之比:

η——系统能量效率,%;

α——为储能电站的有效AGC调频响应系数,$\alpha \leqslant 1$。α与实际储能电站参与的调频类型以及电站参与调度的比例有关,应根据储能电站的实际运行统计数据取值,理想情况下α应趋近于1;

Ψ——电站年运行比例,%;

t_{eff}——储能系统有效调频响应的持续时间,t_{eff}值与应用场景有关,AGC辅助调频一般在$0.5 \sim 3\text{min}$,此处取1.8min;

t_{int}——储能有效调频响应的间隔时间,一般在几十秒到几分钟之间,此处取平均参考值2min;

Y——系统寿命,年,Y与储能调频系统运行时的放电深度(DOD)及储能系统有效调频响应的持续时间t_{eff}有关。

储能系统参与调频属于短时、高频、低深度充放电,系统循环次数寿命要远远高于满充满放次数寿命。由于目前调频储能刚刚兴起,绝大部分储能电站都处于初期运行或早期示范阶段,还没有统一的终止标准。结合应用场景要求和实地调研情况,调频储能系统的寿命终止应当考虑系统安全性和系统功率的衰减特性,因此当调频储能系统提供额定功率的时间低于15min时,应当认为寿命终止。

调频出力系数的计算公式如下：

$$\beta = \frac{P_k}{P_0} \qquad (1-15)$$

式中 P_k——k 时刻储能电站参加有效 AGC 调频时实际响应的调频功率，

MW；

P_0——电站的额定功率，MW。

本书中 β 取 0.8。但 β 应该根据调频储能电站的实际运行统计数据取值，对于储能调频系统而言，β 越接近于 1，其系统的利用率越高。

表 1-2 汇总了几类典型储能技术的里程成本。以磷酸铁锂电池为例，功率型磷酸铁锂电池单次充放电时间为 15~30min，应用于二次及三次调频场景时，其成本会存在差异。目前功率型磷酸铁锂调频储能系统的功率成本为 180 万~300 万元/MW，功率转换成本约为 50 万元/MW，电站土建成本约为 50 万元/MW，按照储能系统寿命为 5 年计算，电站运维成本约为 40 万元/MW，其他成本为 18 万元/MW。功率型磷酸铁锂储能电站的系统功率部件成本占比较大，残值较高，因此电站残值可按 37 万元/MW 计算。储能电站效率 88%，年运行比例按照 90% 计算，里程成本计算结果为 6.07~9.08 元/MW。磷酸铁锂储能电站参与辅助调频存在的技术问题是荷电状态（State of Charge，SoC）的估算较困难，另外，在系统生命后期，电池不一致性问题突出。这些都是未来功率型储能技术有待解决的瓶颈问题。

表 1-2 几类典型储能技术的里程成本

储能技术	Y（年）	η（%）	DOD（%）	Ψ（%）	里程成本（元/MW）
磷酸铁锂电池	5	88	30~60	90	6.07~9.08
钛酸锂电池	6	88	30~80	90	6.18~8.46
三元锂电池	5	88	30~60	90	6.13~9.78

1.4　不同电化学储能技术成本分析

根据中关村储能产业技术联盟全球储能项目库的不完全统计，截至2022年底，全球已投运电力储能项目累计装机容量为237.2GW，年增长率为15%。抽水蓄能累计装机规模占比首次低于80%，与2021年同期相比下降6.8个百分点；新型储能累计装机容量达45.7GW，年增长率为80%；锂离子电池仍占据绝对主导地位，年增长率超过85%，其在新型储能中的累计装机占比与2021年同期相比上升3.5个百分点。中国已投运电力储能项目累计装机容量为59.8GW，占全球市场总规模的25%，年增长率为38%。抽水蓄能累计装机占比同样首次低于80%，与2021年同期相比下降8.3个百分点；新型储能继续高速发展，累计装机容量首次突破10GW。装机规模达到13.1GW/27.1GWh，功率规模年增长率达128%，能量规模年增长率达141%。

下面以锂离子电池、铅蓄电池、液流电池、钠硫电池为例，分别分析不同技术的成本构成。

1.4.1　锂离子电池技术成本分析

1.电池系统成本

锂离子电池系统成本主要由电芯及电池管理系统（Battery Management System，BMS）、集成系统等构成。电芯成本包括材料成本和制造成本。

材料成本主要由正极材料、负极材料、隔膜、集流体及辅助材料各部分成本构成，各部分材料占比随着材料价格的逐年变化有所波动。图1-3为2017~2019年磷酸铁锂电池的主要材料成本（按照当年中端市场平均价格进行计算）。近年来材料成本逐步下降，正极材料和电解液成本降低幅度尤为明显，磷酸铁锂电池的材料成本从2017年的610元/kWh降低至2019年的420元/kWh。

总体来说，电芯材料中，正极材料和电解液成本占比最高，其次是负极材料、隔膜材料和集流体材料，辅助材料包括导电剂、粘结剂、极耳等材料。

图1-4为2019年的磷酸铁锂电芯各主要材料成本占比。

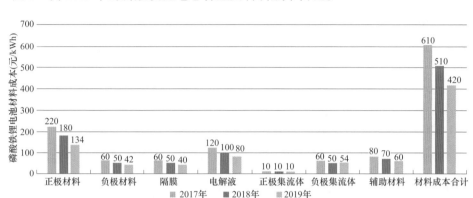

图1-3　2017～2019年磷酸铁锂电池主要材料成本

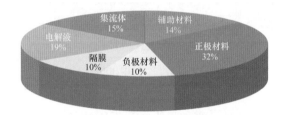

图1-4　2019年磷酸铁锂电芯各主要材料成本占比

除电芯材料外，还需考虑电池封装成本。电池封装材料包括铝塑膜、电池盖板、壳体、密封剂等，成本占电池材料成本的20%~25%，本书取130元/kWh进行估算。

制造成本由直接人工成本和生产成本构成，包括设备、人力、能耗、管理等诸多生产环节的成本。按照生产工艺流程，对应的锂电设备大致可以分为前端设备、中端设备及后端设备。前端设备主要用于制作极片，中端设备主要用于制作电芯，而后端设备主要完成检测和封装。从成本占比角度来说，前端设备与中端设备的占比较高，分别达到35%与40%，后端设备占比相对较小。这是因为前端极片制作所涉及的工序最多，而从具体设备类型来看，涂布机成本占比最高，达到30%，其次是组装干燥机与辊压分切机。总体来说，锂离子电池的制造过程比较繁琐，对设备精度、环境等要求较高。受企业工艺路线设计、生产水平、产品良品率等诸多因素的影响，通常认为制造成本在电池成本中占比为30%~40%。产能增加、设备及工艺路线优化等综合因素推动了电池制造成本的降低，目前制造成本通常为200~300元/kWh。

综合以上计算结果，目前磷酸铁锂电池的电芯成本＝电芯材料成本（420元/kWh）+封装材料成本（130元/kWh）+生产成本（200~300元/kWh）=750~850（元/kWh）。

BMS、集成、消防及其他硬件成本等合计550~850元/kWh。因此，电池系统成本合计为1300~1700元/kWh。磷酸铁锂电池系统各部分基本成本汇总见表1-3。

表1-3　磷酸铁锂电池系统各部分基本成本汇总　　（单位：元/kWh）

电芯			BMS、集成、消防及其他硬件成本
电芯材料成本	封装材料成本	生产成本	
420	130	200~300	1300~1700

需要说明的是，此处计算结果为电池系统的基本成本，未考虑税收、利润、管理等其他因素，因此不等于实际的市场价格。市场调研数据显示，目前磷酸铁锂电池系统市场价格为1500~2300元/kWh。

2.功率转换成本

由于锂离子电池的技术特点，其储能系统既可以用于容量型场景，也可用于功率型场景。目前锂离子电池储能系统的功率转换技术源于光伏逆变器技术，基本已经成熟，大约在50万~80万元/MW，不同电池储能系统的功率转换成本接近。

3.土建成本

锂离子电池土建成本包括系统配套设施（如集装箱、空调等）及系统安装调试的成本，该部分成本占系统成本的4%~6%。

4.运维成本

锂离子电池储能系统的运维成本约占系统成本的7%~10%。容量型和能量型电池储能电站普遍采用远程监控与定期巡检结合的方式，而功率型调频储能电站因为工况复杂，且与火电厂配套使用，因此安全维护任务重，一般会安排人员24小时值守，运维费中人员工资占比较大。

5. 其他成本

锂离子电池储能系统的其他成本约占系统成本的8%～12%。

6. 电站残值

目前针对锂离子电池储能系统的残值评估和回收处理尚无有效数据，从电池回收现状看，锂离子电池储能电站的回收收益较低，约占系统成本的6%～9%。

1.4.2 铅蓄电池技术成本分析

1. 电池系统成本

铅蓄电池目前的系统成本为950～1250元/kWh。铅蓄电池系统主要包括储能电池组和管理系统。其中电池成本占整个电池系统成本的50%左右。铅蓄电池的价格基本是随铅价变动的。大部分的铅酸蓄电池企业约定铅月均价每变动500或1000元，电池价格响应上浮或下降一定比例（每500元一般为1.5%～2%）。铅碳电池是由传统的铅酸电池与超级电容器结合产生的新型铅酸电池，因此铅碳电池的成本与价格除了与铅价格有关以外，还会受到活性炭价格与供给量的影响。

2. 功率转换成本

不同电池储能系统的功率转换成本接近。

3. 土建成本

目前铅蓄电池储能系统的土建成本约占系统成本的4%～6%。

4. 运维成本

由于铅蓄电池寿命等的影响，其运维成本占比较锂离子电池更高一些。目前铅蓄电池储能系统的运维成本约占系统成本的10%～14%。

5. 其他成本

铅蓄电池储能系统其他成本的变化趋势与锂离子电池储能系统类似，目前铅蓄电池储能系统的其他成本约占系统成本的5%~10%。

6. 电站残值

铅蓄电池中铅质量占比70%以上，因此其电池单体的回收残值大于30%。

1.4.3 液流电池技术成本分析

1. 电池系统成本

全钒液流电池系统主要由钒电解液、电堆、管路及控制系统构成。目前全钒液流电池系统总成本为3000~4000元/kWh。其中钒电解液占系统成本的35%~40%，电堆其他材料占系统成本的35%~40%，管路级罐体占系统成本的10%~15%，控制系统占系统成本的15%~20%。

钒电解液主要由钒盐和硫酸组成，钒浓度为1.5~2.0mol/L。其中硫酸价格为180元/t左右，相对于钒很便宜，通常忽略不计。钒作为一种稀有金属，其原料成本是限制全钒液流电池发展的主要影响因素。2018年，钒价快速上涨，五氧化二钒的价格从2017年12万元/t涨到40万~50万元/t。钒价上涨的原因：①2018年国家提高了钢材标准，原料钒的需求有大幅提高；②国家环保政策推行，部分钒矿由于达不到环保标准而关停，导致钒的供应量有所下滑。同时，钒价上涨也带动了钒矿开发商的积极性，钒供应量有所回升，2019年价格回落至2017年的水平，五氧化二钒价格为10万~12万元/t。制备钒电解液需要进行五氧化二钒提炼和提纯，提纯成本与工艺有关，每吨 10万~20万元不等。通常每千瓦时电解液需五氧化二钒7~8kg，则钒电解液总成本为2000元/kWh（范围为1400~2400元/kWh）。

电堆由电极、离子交换膜、密封及辅助材料组成，电极和离子交换膜成本占比最高。电极以石墨双极板为主，也有金属或复合材料的应用研究，目前已实现国产化，成本显著降低，不再成为成本控制的限制因素。电极成本约占系统总成本的5%～10%。离子交换膜（全氟磺酸膜）国产技术尚未突破，美国杜邦公司的Nafion质子交换膜价格高达3500元/m^2，是全钒液流电池成本较高的另一关键因素，离子交换膜成本占系统成本的25%～30%。密封及其他材料成本占系统成本的5%左右。

2.功率转换成本

功率转换成本为60万～90万元/MW。

3.土建成本

全钒液流电池由于物理尺寸相对较大，导致安装、运输等电站建设成本的增加，目前运输成本为100～200元/kWh，安装及现场设备等成本为300～500元/kWh。土建成本占系统成本的10%～15%。

4.运维成本

液流电池循环寿命好，在生命周期内容量损耗较低，但由于效率较低，充电和辅助电源成本相对较高，反应器更换周期为5～6年，液泵更换周期为3～4年，目前平均每年运维成本为40～60元/kWh。

5.其他成本

液流电池其他成本占系统成本的10%～15%。

6.电站残值

液流电池相较于锂离子电池、铅碳电池成本比较高，但优势是循环寿命长、环境友好。通过回收该种电池的电解液，可节省40%的一次投资成本，减少项目初期投入。液流电池模块化的结构及电解液的可重复利用性使其具有相对较高的回收利用率，回收价值较高。

1.4.4 钠硫电池技术成本分析

1.电池系统成本

日本NGK公司是全球最大的钠硫电池生产商，目前NGK的钠硫电池系统价格在2000～2500元/kWh。钠硫电池负极为钠、正极为硫，隔开两个电极的电解质为精细陶瓷。高性能的材料及部件是保证钠硫电池性能和可靠性的基础。其中钠、硫和陶瓷的原材料自然界储量丰富、成本较低,同时钠和硫都没有特殊用途,影响其价格波动的潜在因素比较少。

钠硫电池的制备涉及多种材料的组合技术,如电极材料的复合制备技术、部件的封接技术、金属焊接技术等。氧化铝陶瓷隔膜的制备是核心关键技术,陶瓷管必须具有高离子电导率、长离子迁徙寿命、良好的纤维结构和力学性能,以及准确的尺寸偏差,国内尚未实现大规模应用。因此,陶瓷管的制备要求及成本相对较高。

钠硫电池本体成本占系统总成本的50%左右,功率转换系统(Power Convert System,PCS)与系统集成部分的成本占总成本的20%,工程投入和安装费占总成本的30%。

2.功率转换成本

功率转换成本为60万～90万元/MW。

3.土建成本

钠硫电池储能系统结构相对复杂,土建成本约占系统成本的6%~8%。

4.运维成本

钠硫电池具备较高的能量密度和一定的倍率特性,内部无副反应,电化学损耗小,但是由于工作温度高,导致运行能量效率偏低(约80%)。运维技术方面,电池系统的绝热保温效果是决定系统能量效率的关键。由于金属零部件在硫以及硫化物介质中、高温下、长时间工作会有腐蚀,影响其寿命,所以钠硫电池的金属部件都采用了特殊的防腐蚀措施进行保护。钠硫电池在充电时吸收能量,需要额外的电能加热,在放电的同时放热,足以维持运行所需的温度。综合考虑以上因素,钠硫电池运维成本为30～40元/(kWh·年)。

5.其他成本

其他成本占系统成本的10%～15%。

6. 电站残值

钠硫电池是可拆分电池，因此原理上说回收再利用率会较高。陶瓷部件和钠、硫不相容，使用后可以完全分离，单独再回收；钠和硫部分的化合物可以可逆地分解形成钠和硫；其他的金属部件也可以回收再利用。日本目前已形成成熟的回收技术和工序。

综合文献数据和实地调研信息，图1-5和图1-6为几类典型储能技术在容量型和功率型场景下的全生命周期成本。

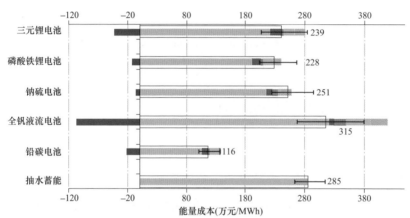

图 1-5　储能电站全生命周期能量成本

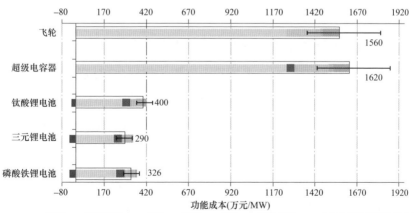

图 1-6　储能电站全生命周期功率成本

1.5 不同电化学储能系统成本发展预测

电池系统成本影响电化学储能的规模化推广和应用，影响电化学储能系统成本的因素包括：①储能系统的初始投资成本，主要是储能电池本体的材料成本和制造成本，还包括管理系统等硬件和软件成本，所有与储能相关的设备（如冷却、加热、辅助电源、开关、保护等设备）成本、工程和安装成本（包括材料、人工、服务等）；②运维成本，包括用于维持储能状态的能源、补偿损失、定期和非预期的服务和维护、远程和现场监测成本，以及运行灯具、风扇、冷却和控制设备所需的能源成本；③储能系统回收残值；④储能系统运行效率和寿命。

1.5.1 初始投资成本发展预测

1.锂离子电池

2013~2020年，锂离子电池单体（不是系统）成本下降幅度近80%，但其成本的年均下降比例并非线性，近两年的成本降低幅度不到2013年的一半。电池的制造成本受到产品规模化的影响，近年来得益于新能源汽车市场增长的推动，锂离子电池产量不断增长，制造自动化、集成化程度提高，其制造成本下降很快。

新型技术进入市场前期，基于材料成本下降和规模效应，会有成本快速下降的过程；但随着技术和市场趋于成熟，规模化效应带来的影响逐渐降低，加之新能源行业补贴退坡，成熟制造技术的成本下降空间有限。未来电池制造成本的降低主要取决于生产装备水平、生产效率和管理水平的提高。

在当前磷酸铁锂电池结构及性能未取得颠覆性突破的前提下，电池成本仍以材料成本的变化为主要影响因素。预测磷酸铁锂电池的正极材料、电解液及封装材料等成本仍延续缓慢下降趋势，2025年电芯成本可降至500元/

kWh以下，电池组成本可降至700元/kWh以下。电池组价格随成本降低而逐年下降，图1-7所示为全球锂离子电池组平均价格历年下降趋势及未来下降趋势预测。

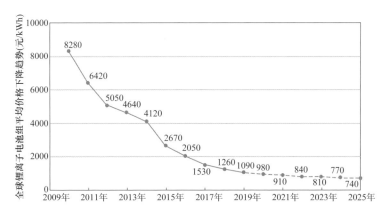

图1-7　全球锂离子电池组平均价格下降趋势及预测

电池管理系统成本、功率转换成本等降低空间有限。集装箱成本方面：①集成管理技术提高，可降低综合成本；②随着安全要求的提升，消防设施及管理等成本可能增加。因此电池包成本在集装箱成本中的占比基本保持稳定。综合分析，2023~2025年磷酸铁锂储能集装箱成本可降低至1100~1200元/kWh。

随着人工和土地成本的上升，电池储能系统的土建成本将有所增加。

沿用现有工艺，技术成本下降空间有限，必须开发变革性的电池技术，从产品全生命周期成本的角度考虑电池结构和工艺创新设计，降低制造、运维和回收处置成本，提高系统回收残值，最终降低整个储能电站的度电成本。

锂浆料电池是新型储能电池，相较传统锂离子电池可以提高活性材料的比例，减少涂布、烘干、模切等工序，并降低对电池极片精度控制的要求，从设备和制造环节使电池制造成本降低30%~50%，预计未来可实现批量化生产，进入储能应用。

2. 铅蓄电池

由于回收市场比较成熟，再生铅占比达到近50%，因此预估未来铅价较为稳定。受上游铅价及环保回收管控压力的影响，未来铅蓄电池系统成本降低的空间很小。综合考虑材料成本、制造成本的逐年降低以及电池本体能量密度和功率密度的协同提升，电池系统成本会缓慢下降，大约下降15%，即0.8～1.0元/Wh。

电池管理系统BMS及能量管理系统（Energy Management System，EMS）等的成本在未来3～5年下降不大，大约为10%。功率转换成本约比目前下降25%，即40万～60万元/MW。人工和土地成本的上升将导致铅蓄电池储能系统土建成本的增加，铅蓄电池的体积和质量能量密度的进一步提升将在一定程度上抵消这种影响，2021~2025年土建成本增加8%左右。

3. 液流电池

高成本是制约液流储能电池大规模普及应用的瓶颈，未来全钒液流电池的价格预计呈下降趋势，降低程度取决于钒材料的价格和离子交换膜的国产化技术突破程度。钒材料未来价格走势判断仍需要依据政策和市场的综合表现。钒市场供给的影响因素主要有钢铁市场的驱动和资本市场对于钒产品和行业的态度，因历史价格波动较大，较难对未来价格和项目投资回报作出预测。基于技术进步、工艺水平的提高和批量生产规模的扩大，预期2023~2025年系统成本可降低至2500元/kWh。液流电池储能系统的功率转换成本约比目前下降25%，即45万～65万元/MW。

4. 钠硫电池

未来成本下降的幅度主要取决于产业化规模和制造技术，预计关键技术能否突破国产化，以及运输和建设成本的降低。2023~2025年钠硫电池成本降至1.5元/Wh。

1.5.2 运维成本及其他成本发展预测

2023~2025年，随着人工和燃料动力成本的增加，电池运维成本会有所增加，预计增加10%～15%。

目前储能项目的投资贷款利息在8%左右，3～5年内变化不大。目前，针对储能变流器及储能系统并网、储能系统寿命预测的标准正在制定，随着未来对于储能项目标准的建设和规范化，其他建设成本预计可降低20%。

1.5.3 回收残值发展预测

铅蓄电池和全钒液流电池的回收价值较高，为20%～30%。三元锂电池由于电极材料含有钴、镍等贵金属元素，回收价值为10%～18%，而磷酸铁锂电池的回收价值较低。此外，电化学储能电站寿命终止时其功率转换部件等仍具有使用价值。未来将开发易回收的磷酸铁锂浆料电池，回收残值不小于15%。

1.5.4 度电成本发展预测

目前锂离子电池储能系统的度电成本为0.6～0.8元/kWh，综合以上分析，且随着锂离子电池技术的发展，其电池循环寿命增加，预估未来五年锂离子电池储能电站的度电成本可降至0.4～0.6元/kWh。

目前铅蓄电池储能系统的度电成本为0.6～0.7元/Wh，随着电池技术的发展，特别是铅蓄电池循环寿命的增加，预估未来五年其电池储能电站的度电成本会略有降低，可降至0.5～0.6元/kWh，由于锂离子电池成本持续走低，其度电成本基本和锂离子电池持平甚至略高。

目前液流电池储能系统的度电成本为0.7～0.9元/kWh，预估未来五年度电成本可降至0.6～0.7元/kWh。

目前钠硫电池储能系统的度电成本为0.8～1.0元/kWh，预估未来五年度电成本可降至0.6～0.8元/kWh。

不同电化学储能系统目前与预测度电成本见表1-4。

表 1-4　不同电化学储能系统目前与预测度电成本

电池种类	2020年度电成本（元/kWh）	预估2025年后度电成本（元/kWh）
锂离子电池	0.6~0.8	0.4~0.6
铅蓄电池	0.6~0.7	0.5~0.6
液流电池	0.7~0.9	0.6~0.7
钠硫电池	0.8~1.0	0.6~0.8

1.6　小结

本章结合产业调研数据，给出了储能全生命周期成本分析方法，对储能度电成本和里程成本进行测算，对不同电池技术成本构成做出分析，并根据成本结构做出不同电化学储能系统成本发展的预测。本章结论如下：

（1）储能电站的全生命周期成本包括系统成本、功率转换成本、土建成本、运维成本、回收残值和其他成本。根据容量型和功率型应用场景的不同，应分别用度电成本和里程成本评估储能电站的经济性。

（2）当前抽水蓄能电站投资功率成本为5500~7000元/kW，度电成本为0.21~0.25元/kWh，未来随选址经济性降低，度电成本会有小幅上升；容量型电化学储能技术中经济性较高的是铅蓄电池和磷酸铁锂电池，但相较抽水蓄能仍然偏高，度电成本为0.6~0.8元/kWh，尚不能完全依赖峰谷价差实现盈利；磷酸铁锂电池储能电站在功率型场景应用的里程成本为6~9元/MW，能够在局部地区的辅助调频服务市场获得收益。

（3）随着电池技术的发展，预估未来五年锂离子电池储能电站的度电成本可降至0.4~0.6元/kWh；铅蓄电池储能电站的度电成本会略有降低，可降至0.5~0.6元/kWh；液流电池储能电站的度电成本可降至0.5~0.6元/kWh；钠硫电池储能系统的度电成本可降至0.6~0.8元/kWh。

2 电化学储能系统的应用场景梳理及成本核算

实际应用中，需要根据场景需求对储能技术进行分析，以找到最适合的储能技术。本章介绍了可再生能源电站配套储能、电网侧储能、储能辅助服务、工商业配套储能、5G基站储能备用电源等场景的技术要求，并进行了成本分析。从调研情况看，目前最主流的锂离子电池、铅碳电池、全钒液流电池三种技术基本覆盖了各种应用场景。

2.1 国内储能应用场景及相关技术要求

电化学储能系统的应用场景可归为电源侧、电网侧和用户侧三大类场景，可细分为可再生能源电站配套储能、电网侧储能、储能辅助服务、工商业配套储能、5G基站储能备用电源5大类场景，又可细分为可再生能源能量时移等14项具体场景。

2.1.1 可再生能源电站配套储能技术要求

风电、光伏等可再生能源的发电出力具有随机性、间歇性、波动性，其电压、频率、功率等波动周期从数毫秒到数小时之间。因此，可再生能源电站的配套储能既需要有功率型应用，也要有能量型应用，一般可以将其分为可再生能源能量时移、可再生能源出力波动平抑和可再生能源电能质量改善等具体场景。

（1）可再生能源能量时移：针对风电光伏弃电的问题，将风光资源富集时段发出的剩余电量进行储存，以备用电高峰时段放电，属于可再生能源的能量时移。能量时移属于典型的能量型应用，充放电持续时间一般在小时级，对于充放电的功率要求比较宽。可再生能源的发电特征及电网负荷的特征导致能量时移的应用频率相对较高，每年一般在300次以上。

（2）可再生能源出力波动平抑：由于风光出力的不可预测性，导致出力波动较大，储能系统通过电力存储和缓冲使光伏电站可以在一个相对稳定的输出水平运行。平抑出力波动属于典型的功率型应用，需要秒级的响应时间，年应用频率大致在4000次以上。

（3）可再生能源电能质量改善：储能系统可以通过合适的逆变控制策略，实现稳定电压、调整相角、有源滤波等电能质量的控制，从而改善光伏发电的特性，使电力输出更加稳定。改善电能质量也属于典型的功率型应用。

可再生能源配套储能应用类型和典型特征见表2-1。

表2-1 可再生能源配套储能应用类型和典型特征

可再生能源应用	应用类型	典型放电时长	平均年运行频率（次）	响应时间
能量时移	能量型	1~3h	300	分钟级
出力波动平抑	功率型	1~5min	4000	秒级
电能质量改善	功率型	1~5min	4000	毫秒级

大型光伏和风电电站功率一般在10~100MW之间，配套储能的容量和功率需要根据电站降低弃电的需求及发电功率的动态变化进行优化计算得出。目前各地关于光伏电站的配套储能功率一般按照光伏电站装机功率的15%~20%来进行配置。

分布式光伏园区装机功率一般在千瓦级至兆瓦级之间。分布式光伏、储能装置、本地负荷可组成区域微电网，在出现电网电能质量很差、拉闸限电或故障停电时，光储微电网可脱离电网，由储能变流器通过电池建立稳定电压，保证光伏正常发电，为本地重要负荷独立供电。

与大型光伏风电电站配套储能相比，由于分布式光伏配套储能装机容量一般较小，可以采用配置在电源直流侧的储能系统与光伏发电列阵在逆变器直流段进行调控，即不单独增加PCS投资，而采用光伏发电系统和蓄电池储能系统共享一个逆变器的设计，如图2-1所示。这样的优点是无需增加新的PCS设施，可节省投资。但是由于蓄电池的充放电特性和光伏发电阵列的输出特性有所差异，原系统中光伏并网逆变器中的最大功率点跟踪系统是专门为了配合光伏输出特性设计的，无法同时匹配储能蓄电池的输出特性曲线。因此，此类系统需要对原系统逆变器进行改造或重新设计，以满足对电池储能系统和光伏发电系统的同时充放电控制，以及实现对电池的能量管理功能。

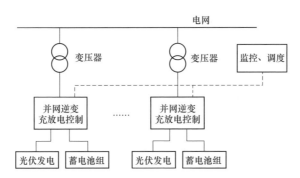

图 2-1　配置在电源直流侧的储能系统结构示意图

2.1.2 电网侧储能技术要求

储能在电网侧的应用主要是缓解输配电阻塞、延缓输配电设备扩容、无功支持及调峰，从效果的角度看，更多发挥的是替代效应。

（1）缓解输配电阻塞：线路阻塞是指线路负荷超过线路容量。将储能系统安装在线路上游，当发生线路阻塞时可以将无法输送的电能储存到储能设备中，等到线路负荷小于线路容量时，储能系统再向线路放电。一般对于储能系统的要求是：放电时间在小时级，运行次数为50~100次，属于能量型应用，对响应时间有一定要求，需要在分钟级响应。

（2）延缓输配电设备扩容：传统的电网规划或者电网升级扩建成本很高。在负荷接近设备容量的输配电系统内，如果一年内大部分时间可以满足负荷供应，只在部分高峰特定时段会出现自身容量低于负荷的情况时，可以利用储能系统通过较小的装机容量有效提高电网的输配电能力，从而延缓新建输配电设施成本，延长原有设备的使用寿命。相比于缓解输配电阻塞，延缓输配电设备扩容工作的频次更低。

（3）无功支持：无功支持是指在输配线路上通过注入或吸收无功功率来调节输电电压。无功功率的不足或过剩都会造成电网电压波动，影响电能质量，甚至损耗用电设备。储能电池可以在动态逆变器、通信和控制设备的辅助下，通过调整其输出的无功功率大小来对输配电线路的电压进行调节。无功支持属于典型的功率型应用，放电时间相对较短，但运行频次很高。

（4）调峰：我国的电网侧储能也承担调峰功能。调峰是我国特有的电力辅助服务品种，其本质是通过电力调节使发电出力匹配负荷的变化，实现电量的平衡。国外电力辅助服务市场中不存在该辅助服务品种，一般通过现货市场中的实时市场或平衡机制实现电量平衡。

电网侧储能应用类型和典型特征见表2-2。

表 2-2　电网侧储能应用类型和典型特征

电网侧应用	应用类型	典型放电时长	平均年运行频率（次）	响应时间要求
延缓输配电阻塞	能量型	2~4h	50	分钟级
延缓输配电设备投资	能量型	2~4h	10	分钟级
无功支持	功率型	<1min	4000	秒级
调峰	能量型	2~4h	>300	分钟级

2.1.3 储能辅助服务技术要求

按照《电力辅助服务管理办法》（国能发监管规〔2021〕61号）的定义，电力辅助服务是指为维持电力系统安全稳定运行，保证电能质量，促进清洁能源消纳，除正常电能生产、输送、使用外，由火电、水电、核电、风电、光伏发电、光热发电、抽水蓄能、自备电厂等发电侧并网主体，电化学、压缩空气、飞轮等新型储能，传统高载能工业负荷、工商业可中断负荷、电动汽车充电网络等能够响应电力调度指令的可调节负荷（含通过聚合商、虚拟电厂等形式聚合）提供的服务。电力辅助服务分为有功平衡服务、无功平衡服务和事故应急及恢复服务。有功平衡服务包括前面提到的调峰、调频、备用、转动惯量、爬坡等；此处介绍电源侧最常用到的调频和备用两个电力辅助服务品种。

（1）调频：在我国电源侧，储能应用主要以联合火电机组参与电网调频为主。频率的变化会对发电及用电设备的安全高效运行及寿命产生影响，因此频率调节至关重要。在传统能源结构中，电网短时间内的能量不平衡是由传统机组（在我国主要是火电和水电）通过响应AGC信号来进行调节的。而随着新能源的并网，风、光的波动性和随机性使得电网短时间内的能量不平衡加剧，传统能源（特别是火电）由于调频速度慢，在响应电网调度指令时具有滞后性，有时会出现反向调节之类的错误动作，因此不能满足新增的需求。相较而言，储能（特别是电化学储能）调频速度快，可以灵活地在充放电状态之间转换，成为非常好的调频资源。

系统调频的负荷分量变化周期在分秒级，对响应速度要求更高（一般为秒级响应），对负荷分量的调整方式一般为AGC。但是系统调频是典型的功率型应用，其要求在较短时间内进行快速的充放电，采用电化学储能时需要有较大的充放电倍率，因此会降低一些类型电池的寿命，从而影响其经济性。

（2）备用：系统备用容量是指在满足预计负荷需求以外，针对电网突发情况时（一般为电网事故造成的临时供电缺口）为保障电能质量和系统安全稳定运行而预留的有功功率储备，备用容量针对突发情况需要快速响应，响应时间为秒级，属于功率型应用。备用容量一般为正常电力供应容量的15%~20%。由于针对的是突发情况，一般年运行频率较低。

电源侧储能辅助服务应用类型和典型特征见表2-3。

表 2-3　电源侧储能辅助服务应用类型和典型特征

电源侧应用	应用类型	典型放电时长（min）	平均年运行频率（次）	响应时间
系统调频	功率型	15	4000	秒级
系统备用	功率型	15	10	秒级

2.1.4 工商业配套储能技术要求

用户侧是电力使用的终端，用户是电力的消费者和使用者，发电及输配电侧的成本及收益以电价的形式表现出来，转化成用户的成本，因此电价的高低会影响用户的需求。

由于存在交叉补贴，我国工商业用户电价较居民电价更高，需求相对刚性，储能需求主要在以降低电价为导向的基础上衍生出来，主要包括分时电价管理、容量费用管理、提升电能质量、提升供电可靠性四类。

（1）分时电价管理：电力监管部门将每天24小时划分为高峰、平段、低谷等多个时段，对各时段分别制定不同的电价水平，即为分时电价。用户分时电价管理和能量时移类似，区别仅在于用户分时电价管理是基于分时电价体系对电力负荷进行调节，而能量时移是根据电力负荷曲线对发电功率进行调节。

（2）降低需量电费：两部制电价是将与容量对应的基本电价和与电量对应的电量电价结合起来决定电价。我国对供电部门大工业企业实行两部制电价：电量电价指的是按照实际发生的交易电量计费的电价，容量电价则主要取决于用户用电功率的最高值。容量费用管理是指在不影响正常生产的情况下，通过降低最高用电功率降低容量费用。用户可以利用储能系统在用电低谷时储能，在高峰时负荷放电，从而降低整体负荷，达到降低容量费用的目的。

（3）提高供电可靠性：储能用于提高供电可靠性，是指发生停电故障时，储能能够将储备的能量供应给终端用户，避免故障修复过程中的电能中断，以保证供电可靠性。该应用中的储能设备必须具备高可靠性，具体放电时长主要与电网故障恢复的时间相关，一般不超过一个小时。

（4）提高电能质量：由于电力系统操作负荷性质多变、设备负载非线性等，用户获得的电能存在电压、电流变化或者频率偏差等问题，电能质量较差。系统调频、无功支持是在发电侧和输配电侧提升电能质量的方式。在用户侧，储能系统同样可以进行平滑电压、频率波动，解决电压升高、骤降、闪变等问题。提升电能质量属于典型的功率型应用，具体放电时长及运行频率依据实际应用场景而有所不同，但一般要求响应时间在毫秒级。

工商业配套储能应用类型和典型特征见表2-4。

表2-4　工商业配套储能应用类型和典型特征

工商业用户侧应用	应用类型	典型放电时长	平均年运行频率（次）	响应时间
分时电价管理	能量型	1~2h	300	分钟级
降低需量电费	能量型	1~2h	200	分钟级
提高供电可靠性	能量型	1h	10	秒级
提高电能质量	功率型	5min	100	毫秒级

2.1.5　5G基站储能备用电源技术要求

除了电力系统，储能在通信领域同样有很大的应用潜力，尤其是在通信基站的备用电源系统方向。随着5G通信技术商用化应用推进，整个产业链都积极运作，以满足新的技术标准。根据工业和信息化部公布的数据，截至

2022年底，全国移动通信基站总数达1083万个，全年净增87万个。其中5G基站为231.2万个，全年新建5G基站88.7万个，占移动基站总数的21.3%，占比较上年末提升7个百分点。按照工信部印发的《"十四五"信息通信行业发展规划》（工信部规〔2021〕164号），到2025年，我国每万人拥有5G基站数将达到26个。按照我国14亿人口来算，届时我国基站数量将达到364万个，是2020年的5.2倍。

由于5G通信频谱分布在高频段，信号衰减更快，覆盖能力减弱，因此相比4G，通信信号覆盖相同的区域，5G基站的数量将增加。传统4G基站单站功耗为780~930W，而5G基站单站功耗为2700W左右 。以应急时长4h计算，单个5G宏基站备用电源需要10.8kWh。相比4G，5G单站功率提升约2倍且基站个数预计大幅提升，对应储能需求也将增长。

如果仅作为备用电源，在大多数场景下，采购铅酸蓄电池价格更低，浮充要求也更简单，退役后回收还可以进一步降低成本。相对铅酸电池来说，目前磷酸铁锂电池成本仍然较高，不过随着国内大量电动汽车退役，容量低于80%的电池并没有报废，仍可再组装利用。相对于传统铅酸电池，梯次利用锂电池，更加环保，使用寿命更长。与此同时，动力电池退役规模形成期与5G推广时间轴互相吻合。据高工产业研究院预计，2025年我国退役动力电池将累计达到137.4GWh，除了拆解回收，梯次利用成为其重要市场。相较于其他储能应用场景，通信基站电源系统对电池性能要求不高，成为退役电池梯次利用的最佳场景。

2.2　多应用场景储能技术特点及选型

各类技术由于技术特性不同，在实际应用中也会有各自比较适合应用的场合。例如，根据能量存储和释放的外部特征划分，超级电容、飞轮储能、超导储能的功率密度大、响应速度快，属于功率型储能电池，可应用于短时间内对功率需求较高的场合，如改善电能质量；压缩空气储能、抽水蓄能、电池储能的容量较大，属于能量型储能电池，适用于对能量需求较高的场合，需要储能设备提供较长时间的电能支撑。目前主流储能技术的主要性能和技术成熟度见表2-5和表2-6。

下面以锂离子电池、铅碳电池、液流电池为例，对比各电池的技术特性并匹配其应用场景。

（1）锂离子电池：锂离子电池因兼具高能量密度和高功率密度的技术特性，已成为近年国内应用范围最广的储能项目。国内新能源汽车行业快速发展引发动力电池的投资扩产热潮，锂离子电池性能快速提升，产能提升带动了锂离子电池成本进一步下降。

我国锂离子电池目前种类较为齐全，涵盖多个种类，包括磷酸铁锂电池、镍钴锰酸锂电池、钛酸锂电池、3C领域内应用的钴酸锂电池及锰酸锂离子电池等，表2-7给出了在储能领域内有一定规模应用的锂离子电池性能参数。

从表2-7可看出，目前主要应用的三类锂离子电池中，响应速度都是毫秒级的，可同时满足各种能量型与功率型应用。

安全性评价方面，从锂离子电池本身特性来说，目前广泛应用的磷酸铁锂电池、钛酸锂电池和三元材料锂电池使用的是有机电解液，相比铅酸电池和液流电池，有热失控及燃烧爆炸的风险，因此锂电池在安全性能方面有待进一步提高。

（2）铅碳电池：由于传统铅酸电池在寿命、充电速度等方面存在问题，开发新型铅酸电池成为行业发展方向。目前开发的铅碳电池是一种电容型铅酸电池，是从传统的铅酸电池演进出来的。通过在铅酸电池的负极中加入活性炭，提高了铅酸电池的寿命，是目前成本最低的电化学储能技术。其单位成本受到铅金属市场价格波动的影响，但日益完善的回收体系有助于其降低生产成本。从技术角度看，相对于锂离子电池，铅碳电池在能量密度和循环寿命差距明显，且未来提升空间有限。表2-8给出传统铅酸电池与铅碳电池

表2-5 主流储能技术对比

项目	电化学储能技术						物理储能			电磁储能	
	铅酸（铅碳）电池	磷酸铁锂电池	钛酸锂电池	镍钴锰锂电池	钠硫电池	全钒液流电池	抽水蓄能	飞轮储能	压缩空气储能	超级电容储能	超导储能
容量规模	百兆瓦时	百兆瓦时	百兆瓦时	百兆瓦时	百兆瓦时	百兆瓦时	吉瓦时	兆瓦时	吉瓦时	兆瓦时	—
功率规模	几十兆瓦	百兆瓦	百兆瓦	百兆瓦	几十兆瓦	几十兆瓦	吉瓦	几十兆瓦	百兆瓦	千瓦～兆瓦	10-100MW
能量密度（Wh/kg）	40~80	80~170	60~100	120~300	150~300	12~40	0.5~2Wh/L	20~80	3~6Wh/L	2.5~15	1.1
功率密度（W/kg）	150~500	1500~2500	>3000	3000	22	50~100	0.1~0.3W/L	>4000	0.5~2.0W/L	1000~10000	5000
响应时间	毫秒级	毫秒级	毫秒级	毫秒级	毫秒级	毫秒级	分钟级	毫秒级	分钟级	毫秒级	毫秒级
循环次数	500~3000	2000~10000	>10000	1000~5000	4500	>15000	>10000	百万次	>10000	百万次	百万次
寿命（年）	5~8	10	10	10	15	>10	40~60	20	30	15	30
充放电效率（%）	70~90	>90	>90	>90	75~90	75~85	71~80	85~95	40~75	>90	>95
投资成本（元/kWh）	800~1300	800~1600	4500	1200~2400	~4000	2500~3900	500~2000	5000~15000	1000~1500	9500~13500	90000
优势	成本低，可回收含量高	效率高，能量密度高，响应快	效率高，能量密度高，响应快	效率高，能量密度高，响应快	效率高，能量密度高，响应快	循环寿命高，安全性能好	容量规模大，寿命长	功率密度高，响应快，寿命长	容量规模大，寿命长	功率密度高，响应快	响应快，效率高
劣势	能量密度低，寿命短	安全性较差，成本与铅酸电池相比较高	安全性较差，成本与铅酸电池相比较高	安全性较差，成本与铅酸电池相比较高	需高温条件，安全性较差	能量密度低，效率低	受地理环境限制	成本高，自放电严重	效率低，受地理环境约束	成本高，能量密度低	成本高，能量密度低

表 2-6 各类储能技术成熟度对比

储能分类	技术成熟度（TRL） 成熟度定义	TRL1 基本原理	TRL2 概念研究	TRL3 实验研究	TRL4 原理样机	TRL5 完整测试	TRL6 模拟环境	TRL7 真实环境	TRL8 定型量产	TRL9 商业应用
化学储能	锂离子电池	√	√	√	√	√	√	√	√	√
	第三代锂离子电池	√	√	√	√	√	√	√		
	锂硫电池	√	√	√	√					
	无机固体锂电池	√	√	√	√					
	聚合物固态锂电池	√	√	√	√					
	锂空气电池	√	√	√						
	水系锂离子电池	√	√	√	√					
	全钒液流电池	√	√	√	√	√	√	√	√	
	其他液流电池	√	√	√	√	√	√			
	液态金属电池	√	√	√	√					
	钠硫电池	√	√	√	√	√	√	√	√	
	钠氯化镍电池	√	√	√	√					
	钠离子电池	√	√	√	√					
	镍氢电池	√	√	√	√					
	铅酸电池（铅碳）	√	√	√	√	√				√
	新型铅酸电池	√	√	√	√	√				
	双电层超级电容器	√	√	√	√	√		√	√	√
	混合超级电容器	√	√	√	√	√	√			
物理储能	传统压缩空气储能	√	√	√	√					
	超临界压缩空气	√	√	√						
	飞轮储能	√	√	√	√	√	√	√	√	
	超导磁储能	√	√	√	√					
	抽水蓄能	√	√	√	√					
	变速抽水蓄能	√	√	√	√	√	√			

表 2-7　不同种类锂离子电池主要的性能参数

项目	镍钴锰酸锂电池	钛酸锂电池	磷酸铁锂电池
能量密度（Wh/kg）	120~260	60~100	80~170
功率密度（W/kg）	3000	>3000	1500~2000
响应时间	毫秒级	毫秒级	毫秒级
充放电效率（%）	>90	>90	>90
工作温度范围（℃）	−20~60	−40~60	−20~60
循环次数（1C）	2000~5000	>20000	3000~7000
自放电率（%/月）	2	2	1.5
安全性	较低	较高	较高
投资成本（元/kWh）	800~2400	4500	800~2200
建设环境制约影响度	低	低	低

表 2-8　铅蓄电池主要的性能参数

项目	传统铅酸电池	铅碳电池
能量密度（Wh/kg）	40~80	40~80
功率密度（W/kg）	<150	150~500
响应时间	毫秒级	毫秒级
充放电效率（%）	70~90	70~90
工作温度范围（℃）	−40~60	−40~60
循环次数（1C）	200~800	1000~3000
自放电率	1%/月	1%/月
安全性	较高	较高
投资成本（元/kWh）	500~1000	800~1300

的主要性能参数。

（3）液流电池：液流电池和通常以固体作电极的普通蓄电池不同，液流电池的活性物质是具有流动性的液体溶液。由于大量的电解质溶液可以存储在外部并通过泵输送到电池内反应，液流电池的规模相对于普通蓄电池可以大幅提高。液流电池与传统二次电池相比具有以下特点：

1）额定功率和额定容量是独立的，功率大小取决于电池堆，容量大小取决于电解液。可通过增加电解液的量或提高电解质的浓度，达到增加电池容量的目的。

2）充放电期间电池只发生液相反应，不发生普通电池的复杂的固相变化，因而电化学极化较小。

3）电池的理论保存期无限，储存寿命长。因为只有电池在使用时电解液才是循环的，电池不用时电解液分别在两个不同的储罐中密封存放，因此没有普通电池常存在的自放电及电解液变质问题。但电池长期使用后，电池隔膜电阻有所增大，隔膜的离子选择性降低，这些对电池的充放电及电池性能有不良影响。

4）能100%深度放电且不会损坏电池。

5）电池结构简单，材料便宜，更换和维修费用低。

6）通过更换荷电的电解液，可实现"瞬间"再充电。

7）电池工作时正负极活性物质电解液是循环流动的，因而浓差极化很小。

国际上液流电池代表品种主要有铁铬液流电池、多硫化钠/溴液流电池、锌—溴体系及全钒液流电池。其中，全钒液流电池简称钒电池，是目前发展最好的液流电池，其采用不同价态的钒离子溶液分别作为正、负极活性物质，可以通过更换电池电堆重复使用，电解液和储能罐也能重复使用。钒电池的充放电效率约为75%，电池单元的输出响应很快，可以在几毫秒内完成从零功率运行到满功率输出。由于系统中其他设备的限制，钒电池系统的输出响应时间大约为20ms。钒电池主要应用在电厂（电站）调峰以平衡负荷，可作为大规模光电转换、风能发电的储能电源及边远地区储能系统、不间断电源系统或应急电源系统。

全钒液流电池主要性能参数见表2-9。

表 2-9　全钒液流电池主要性能参数

项目	全钒液流电池
能量密度（Wh/kg）	12~40
功率密度（W/kg）	50~100
响应速度	毫秒级
充放电效率（%）	75~85
工作温度范围（℃）	10~40
循环次数（1C）	10000~20000
自放电率	低
安全性	较高
投资成本（元/kWh）	2500~3900
建设环境制约影响度	低

全钒液流电池的系统效率、功率密度和能量密度均低于锂离子电池，但其循环寿命更高，适合各种能量型储能应用场景。但目前液流电池的成本依然较高，应用占比较低。

综合来看，锂离子电池、铅碳电池、全钒液流电池是目前主流的电化学储能技术。其中锂离子电池技术最成熟，应用最广，可适用于所有的能量型和功率型应用场景，但在安全性上依然需要提升。铅碳电池具有成本优势，但能量密度和循环寿命上相对锂离子电池依然有差距，并且未来技术进步潜力有限。铅碳电池主要适用于一些对循环寿命和放电倍率要求不高的能量型应用场景（如用户侧储能）。全钒液流电池在三种技术中具有最高的循环寿命，并且安全性良好，非常适合各种能量型应用，但系统效率较低且目前成本较高。

储能应用场景技术匹配见表2-10。

表2-10 储能应用场景技术匹配

应用场景		应用类型	放电时间	年应用频率（次）	响应时间	主流技术
可再生能源电站	可再生能源能量时移	能量型	1~3h	300	分钟级	锂电池、液流电池
	可再生能源平移波动	功率型	1~5min	4000	秒级	锂电池
	可再生能源电能质量提高	功率型	1~5min	4000	毫秒级	锂电池
电网侧	输配电阻塞缓解	能量型	2~4h	50	分钟级	锂电池、铅碳电池
	输配电设备投资延缓	能量型	2~4h	10	分钟级	锂电池、铅碳电池
	无功支持	功率型	<1min	4000	秒级	锂电池
电源侧辅助服务	系统调频	功率型	15min	4000	秒级	锂电池
	系统备用	功率型	15min	10	秒级	锂电池
工商业配套	分时电价管理	能量型	1~2h	200	分钟级	锂电池、铅碳电池、液流电池
	降低需量电费	能量型	1~2h	200	分钟级	锂电池、铅碳电池、液流电池
	提高供电可靠性	功率型	1h	10	秒级	锂电池
	提高电能质量	功率型	5min	100	毫秒级	锂电池
5G基站	通信系统备用电源	能量型	4h	10	分钟级	退役动力电池（锂电池）

2.3 不同应用场景储能运行成本及比例

合理的运维，可以与前期的设计、建设、调试相辅相成，使储能电站的运行达到设计要求，并为投资者带来预期的投资回报。优秀的运维团队能够在电站进入商业化运作之前，预见建设、调试阶段存在的、易于解决的潜在问题，从而助力储能项目的成功开发。

一个项目最终的交付成果与最初设计相比，往往会存在一些差距和不足，这时运维的重要性就愈加凸显。举措得当的运维工作能够帮助电站在彻底解决问题之前，使电站的运行效果保持在预期范围之内。

在技术方面，储能运维团队的工作方式与可再生能源发电厂类似。除了储能本体技术，储能电站中的电器设备（PCS系统、配电设备、能量管理系统等）与发电厂基本一致，因此储能电站的基本运维工作也是有规矩可循的。

储能电站运维成本的主要部分是团队成本，运维团队由运营团队和维修团队组成。

运营团队负责的工作内容包括储能电站的日常巡检，包括巡视监控各个设备的状态并向维护团队报告异常情况，以及当有设备需要进行检修时，在移交设备前，由运营团队负责相关设备的准备。运营团队每天例行工作必备的工具包括设备工作状态记录单、（异常设备）隔离单、服务请求等。

维修团队则负责所有需要维修的工作及按照设备制造商提供的产品性能制定的维修计划。维护团队的工作关键点之一是根据工作量合理安排工作时间、工作计划，明晰先后工作秩序。

目前储能运维的平均成本为0.03~0.05元/Wh，年运维成本为电站初始投资的2%~3%，具体项目的运维成本还取决于每个项目的特殊性，如场址、设计、装机规模及协同效应等。发电侧和电网侧大型储能电站的运维成本一般会高于用户侧储能电站。

部分电网侧储能项目年运维成本见表2-11。

表 2-11 部分电网侧储能项目年运维成本

储能项目	应用领域	运维规模（MWh）	年运维成本（万元）	折算后单位年运维成本（元/kWh）
江苏镇江储能电站	电网侧	68	255	37
河南储能电站	电网侧	100	450	45

储能系统残值率也是影响项目收益的重要因素之一，残值率指储能系统全生命周期技术后的残余价值估算，主要与储能技术相关。锂电池的残值率一般为5%~10%。全钒液流电池与铅碳电池残值率较高，分别为70%和60%。

2.4 不同应用场景储能初始投资成本核算

不同应用场景对于储能的技术性能要求是不一样的。根据中关村储能产业技术联盟数据，表2-12总结了从企业调研得到的不同类型技术、不同小时率的电池系统生产成本。从表2-12可以看出，相同技术条件下，不同小时率的储能系统成本不同。以宁德时代生产的磷酸铁锂电池系统为例，1MW/1MWh系统的电池系统成本大约为150万元，电芯成本大约为110万元；而1MW/2MWh系统的电池系统成本大约为100万元，电芯成本大约为89万元。这是因为采用了不同倍率的电芯技术。根据表2-12，可以依据建设规模大致计算出不同电池厂家的生产成本。

储能电站的初始投资成本既包含了厂家的生产成本，也包含了厂家的利润，因此要高于生产成本。

2.4.1 可再生能源电站配套储能初始投资成本

（1）电池系统（Battery System，BS）成本。目前的可再生能源配套储能项目以磷酸铁锂电池技术为主流，根据2018年以来部分光伏储能项目的公开信息，磷酸铁锂电池系统的价格基本在170~190元/kWh之间，到2020年3月

表 2-12 国内各企业不同技术、不同倍率性能电池系统生产成本

电池类型	企业名称	系统放电时间（h）	电池系统成本（电池簇，不含PCS）					
			电芯（元/kWh）	系统（元/kWh）	寿命（次）	*DOD*（%）	效率（%）	残值（%）
锂电池（磷酸铁锂）	亿纬锂能	1	800	1200	5000	90	95	5
		2	720	900	5000	90	95	5
	宁德时代	1	1100	1500	5000	90	95	5
		2	890	1000	5000	90	95	5
	中航锂电	1	820	1100	5000	90	95	5
		2	760	950	5000	90	95	5
	国轩高科	1	830	1200	5000	90	95	5
		2	740	950	5000	90	95	5
全钒液流电池	大连融科	1	—	3000	10000	100	70	55
		2	—	2900	10000	100	70	55
		4	—	2600	10000	100	70	55
	普能	1	—	3300	10000	100	70	55
		2	—	3100	10000	100	70	55
		4	—	2800	10000	100	70	55
铅碳电池	圣阳	1	780	1000	3500	70	90	30
		2	690	800	3500	70	90	30
	西恩迪	1	800	890	3500	70	90	30
		2	760	820	3500	70	90	30
	南都电源	1	760	910	3500	70	90	30
		2	650	760	3500	70	90	30

注　1.数据来源主要为企业调研，成本为能量型应用成本（元/kWh）。

　　2.选取目前应用最广的磷酸铁锂电池、全钒液流电池、铅碳电池技术。

　　3.在循环寿命、系统效率和*DOD*不变的条件下，放电倍率降低可使系统成本有所降低。但目前来看，锂电池和铅碳电池2h以上系统应用很少，主要原因是没有实际需求以及系统成本增加。

出现了1540元/kWh的最低价格，如图2-2所示。

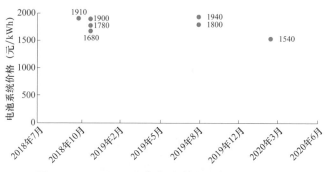

图2-2　2018~2020年部分电池系统市场价格信息

（2）功率转换系统成本（PCS）根据2018年以来的光储PCS价格公开信息，PCS的单价在近两年中呈下降的趋势，2018年底在0.4~0.6元/W之间，到2020年有的项目出现了0.17元/W的低价格，如图2-3所示。

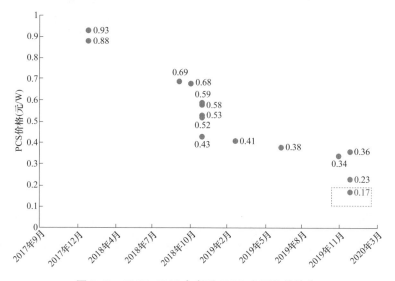

图2-3　2017~2020年部分PCS市场价格信息

（3）电池管理系统成本（BMS）。BMS系统的主要作用是监测电芯、电池模组、电池系统的电压、电流、温度、绝缘状况，并根据监测信息评估电池的SoC、健康状态（State of Health，SOH）和累计处理电量。根据行业公开信息，BMS系统成本为70~100元/kWh之间。

（4）其他辅助系统成本。我国目前的集中式光储项目基本都采用预置式集装箱，将通风、消防、EMS能源管理、监控、配电等子系统安置在专门的集装箱中，形成模块化系统，典型储能集装箱功能示意图如图2-4所示。

图 2-4　典型储能集装箱功能示意图

根据行业公开信息，目前集装箱的价格折算后为160元/kWh左右。

综合电池系统、PCS系统、BMS系统、集装箱的价格，一个完整的集中式光储系统的成本单价为2000~2500元/kWh。

部分可再生能源配套储能EPC总包价格见表2-13。

表 2-13　部分可再生能源配套储能 EPC 总包价格

项目名称	中标时间	EPC总包价格[①]（元/kWh）
华润濉溪孙疃风电场配套储能1（10MW/10MWh）	2020/01/17	2154
华润濉溪孙疃风电场配套储能2（10MW/10MWh）	2020/01/17	2549
协合新能源亳州风电场项目（20MW/20MWh）	2020/03/18	2073

注　①EPC是Engineering Procurement Construction的缩写，是指承包方受业主委托，按照合同约定对工程建设项目的设计、采购、施工等实行全过程或若干阶段的总承包。

鉴于技术示范的目的，有些项目也配备三元锂电池和全钒液流电池。二元锂电池的成本要高于磷酸铁锂电池，依照2018年某风电配套三元电池储能的价格，放电倍率为0.5C的三元锂电池系统平均价格为2300元/kWh左右，见表2-14。

表2-14　三元锂电池（0.5C）平均价格

项目名称	中标时间	电池系统单价（元/kWh）
某风电配套储能项目三元锂电池系统设备采购	2018/12/27	2319
某风电配套储能项目三元锂电池系统设备采购	2018/12/27	2368

相比于其他技术，全钒液流电池有着寿命长、运行安全性高、电解液可完全回收、功率和能量可单独设计等优势，但其单价较高，电池本体单位成本大致为3000元/kWh，未来大型液流技术提供商（如大连融科储能技术发展有限公司、北京普能世纪科技有限公司等）可将电池系统成本控制在2500元/kWh的水平。液流电池目前以项目示范为主，商业化程度不及锂离子电池。

若采用三元锂电池，总系统成本将在2600~2700元/kWh，若采用全钒液流电池，则总系统成本会超过3000元/kWh。

2.4.2 电网侧储能初始投资成本

根据接入的物理位置，电网侧储能是指接入输电网或配电网，介于发电厂和用户侧与电网结算的计量关口表之间，接受调度机构统一调度，独立参与电网调节的储能。随着分布式能源和储能技术的应用变得越来越广泛，电网与电源和用户物理界限逐渐变得模糊。根据所发挥的功能，电源侧、用户侧储能也可以接入电网并参与电网调节，也纳入电网侧储能范畴，开展商业运营及调度管理，使更多的储能装置发挥系统效益。

中国的电网侧储能项目规模在2018年迎来了爆发式增长，实现了规模化应用"零"的突破，相继在江苏和河南投运了百兆瓦级规模的电网侧储能项目。2019年初，湖南长沙电网侧储能一期示范工程且并网成功。此外国家电网公司和南方电网有限公司相继发布储能指导意见，均将电化学储能纳入了各自的规划。

2019年5月，《国家发展改革委　国家能源局关于印发〈输配电定价成本监审办法〉的通知》（发改价格规〔2019〕897号）明确抽水蓄能电站、电储能设施不计入输配电定价成本，使得各地电网公司对于电网侧储能项目的投资热情有所下滑。如果在短期内没有其他盈利模式出现，未来几年电网侧储能的发展会受影响。以下分别选取江苏、河南、湖南来分析典型区域的电网储能项目成本情况。

1.江苏电网侧储能项目成本

江苏处于电网末端，属于特高压受端电网，且是经济发达省份，夏季高峰负荷不断增高。随着老机组的退役和新项目审批越来越难，靠现有火电机组调峰已经很难满足需求。高比例风光等新能源和大规模直流接入将使电力系统净负荷波动性增大。系统调峰、调频和跟踪负荷的灵活性资源稀缺，新能源消纳压力增加，江苏电网区外来电规模不断增加，"强直弱交"结构带来的安全风险日益显现。存在直流近区交流电网故障导致直流闭锁或直流系统故障等造成大功率缺失的风险。

针对这一现状，国网江苏电力选取磷酸铁锂电池作为储能元件，紧急建设镇江储能电站工程。2018年7月18日，江苏镇江电网储能电站工程正式并网投运。该储能电站总功率为101MW，总容量为202MWh，是国内规模最大的电池储能电站项目。该项目主要实现以下主要功能：①缓解镇江地区2018年电网迎峰度夏供电压力；②提高镇江东部电网的调峰调频能力；③实现聚合调度和应急控制；④为可再生能源的规模开发提供支撑。

根据江苏电网测算，储能可以替代可中断负荷终端及光纤接入的投资，参照江苏"源—网—荷—储"系统投资，储能替代投资约4300万元。储能电站接入10、35kV配电网，减少上级电网建设规模，替代电网投资约3亿元。

可削减100MW尖峰负荷，相应可减少电网装机容量，按照替代抽水蓄能或燃机考虑，可替代投资约4亿~8亿元。可削减火电厂因调峰调频形成的燃煤耗费5300t，可削减二氧化碳排放1.3万t，削减二氧化硫排放400t。

镇江储能电站采用全部室外预制仓（集装箱）的布置方式，储能系统共包含：①16个电池预制仓，每组配置1MW/2MWh的磷酸铁锂电池；②16个PCS+变压器预制仓（内含2台PCS+1台1250kVA变压器）；③2个10kV配电设备预制仓；④1个总控预制仓。

每组预制舱式储能电池配置1MW/2MWh的磷酸铁锂电池，通过2个PCS柜分别接至升压变压器，高压侧并接至10/35kV配电装置汇流。

10/35kV侧采用单母线分段接线，储能单元升压至10kV后分别接入两段汇流母线。

系统还采用了静止无功发生器（Static Var Generator，SVG）成套无功补偿装置，在电压波动较大、SVG补偿不足时投入储能变流器的无功控制能力，平抑电压波动。

针对电网侧储能对高安全性的要求，镇江电站采用了三级的严密防护体系，如图2-5所示。

一级防护：电池预制舱内配置感温、感烟探测器，消防系统独立；电池预制舱内采用七氟丙烷气体自动灭火系统（全淹没方式）。

二级防护：利用站内道路形成隔离。

三级防护：屋外锂离子电池设备火灾危险性分类为戊类，耐火等级二级；站区内不设水消防，就近利用市政消防水源；户外预制舱配置推车式灭火器和消防沙箱。

在以上防护体系的基础上，镇江电站还采用其他强化手段：

一级防护：加装气体探测器；BMS与消防系统联动技术；电池舱安全设计。

二级防护：电池舱背靠背布置，中间设置防火墙；利用站内道路形成隔离电池舱；PCS、升压变布置在综合楼中，利用建筑物隔离。

图 2-5　镇江储能电站三级防护系统示意图

三级防护：提升户外火灾危险性分类；站区移动式冷却水系统。

镇江储能电站三级防护系统强化示意图如图 2-6 所示。

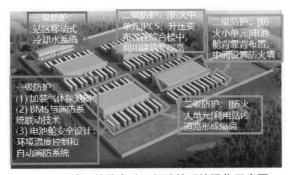

图 2-6　镇江储能电站三级防护系统强化示意图

在协调控制与能量管理方面，镇江储能全部接入江苏"源—网—荷—储"系统，在该体系下，储能电站从充电转为放电耗时小于 100ms（实测为 60ms，如图 2-7 所示），纳入"源—网—荷—储"系统后的整体响应时间小于 350ms。

镇江电站采用了较为严格的安全和消防手段，全部储能均采用室外预制仓，并配置了 SVG 无功补偿装置。整体造价较高，根据镇江储能电站部分公开的招标信息，储能系统 EPC 总包单位成本（即初始投资成本），为 3260~3510 元/kWh。表 2-15 为镇江电站公开信息部分的 EPC 工程总承包价格。

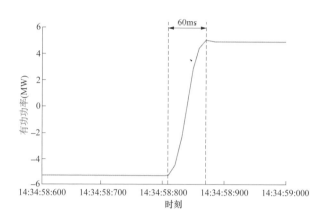

图 2-7 某站址 PCS 满充到满放实测为 60ms

表 2-15 镇江电站公开信息部分 EPC 总承包价格

储能电站名称	电站地点	电站规模	EPC 提供商	单价（元/kWh）
建山	镇江	5MW/10MWh	中天科技	3262
丹阳	镇江	12MW/24MWh	科陆电子	3442
大港	镇江	16MW/32MWh	中天科技	3514

2.河南电网侧储能项目成本

河南电网处于"西电东送、南北互供"的重要枢纽位置。天中特高压直流工程投运后，河南电网成为全国首个特高压交直流混联运行的省级电网，电网结构与运行特性发生较大的改变。与此同时，华北、华中通过单回特高压交流线路联络，存在重大安全事故隐患，并影响天中直流工程输电效益的充分发挥。若天中直流工程出现单极闭锁，为保证电网稳定，需要切断2600MW负荷。

规模化的电池储能装置凭借毫秒级的响应时间，为天中直流的单极闭锁提供快速功率支援，相对于水电、火电等常规手段具有优势。

根据仿真计算，若天中直流发生单极闭锁，不考虑直流调制、切负荷等稳定措施，则需要约2600MW的储能系统提供至少6min的短时功率支撑，稳控系统响应速度不大于200ms。

同时，河南电网峰谷差呈逐年递增趋势，如图2-8所示。2015年，省网大负荷日的峰谷差为1694万kW，最高用电负荷5103万kW，峰谷差率为33%，呈逐年递增趋势。

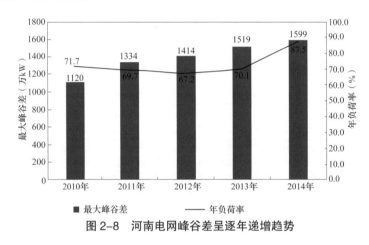

图2-8 河南电网峰谷差呈逐年递增趋势

在电网关键位置建设一定容量的储能装置，不仅可以削峰填谷，还可以提高设备的利用效率，同时延缓为满足短时最大负荷所需的电网建设投资。

另外，河南新能源快速发展的势头已经显现。光伏电站容量已超越水电成为河南省第二大电源类型。风电、光伏等新能源装机规模快速增长，增加了电网调峰、调频的难度和电网运行的不确定性。而储能装置既可以较好地平滑新能源的波动性与间歇性，还有助于消纳新能源电量。

2018年河南电网公司在省内9个地级市建设100MW/100MWh电池储能示范工程。该工程建成后，可以在电网负荷低谷时充电，在电网负荷高峰时放电，较好地平衡新能源的波动性与间歇性，为电网提供紧急功率支撑，有效提升电网安全运行水平。

河南电网侧储能项目采取分布式布置、模块化设计、标准式接入、集中式调控的方式，在9个地级市分别布置16个储能电站，并通过储能调度系统接入河南省电网调度控制中心。实现以下主要功能：①接受电网调度指令，在特高压故障时提供功率支撑；②实现计划发电或储能，削峰填谷；③参与系统调频，实现电网功率波动的平抑；④暂态有功、无功功率紧急响应；⑤暂态电压紧急支撑。

该项目共有11个4.8MW/4.8MWh和5个9.6MW/9.6MWh的储能场站，每个场站均采用室外预制仓模式布置，使用磷酸铁锂电池模块。

根据河南储能示范储能电站部分公开的招标信息，储能系统EPC总包单位成本为1900~2100元/kWh。部分系统单位成本降至小于2000元/kWh，电池系统单价约为1200元/kWh，见表2-16。

表2-16 河南电网侧储能示范项目部分EPC总承包成本

项目名称	储能容量	单价（元/kWh）
洛阳黄龙变电站的集装箱成套储能设备（EPC）	9.6MW/9.6MWh	2108
龙山变电站的集装箱成套储能设备（EPC）	9.6MW/9.6MWh	1883
息县储能电站4套集装箱成套储能设备（EPC）	4.8MW/4.8MWh	2081
信阳储能电站4套集装箱成套储能设备（EPC）	4.8MW/4.8MWh	1886

3.湖南电网储能项目成本

湖南电网峰谷差较大，2018年峰谷差率为58%，其中长沙峰谷差率达到60.5%。随着光伏和风电的持续快速发展，湖南电网稳定运行压力增加。当前，湖南省水电和清洁能源发电量占比超过50%，水电调节能力较差。特殊的发用电结构导致电力系统运行效率较低，火电发电利用小时数也较低。湖南省2019年6月启动电网侧储能建设工作，长沙电网侧储能示范工程于2019年并网成功，项目重点解决长沙供电能力不足的问题，支撑河南电网安全稳定运行，并促进省内可再生能源消纳。

湖南首批电网侧电池储能站是国内首次采用电池租赁建设，首次采用全室内布置，是目前单体容量最大、功能最全面的电池储能站。储能电站容量根据长沙电网装机容量和尖峰电力负荷缺口决定，最终选择1.8%的配比方案，总规模容量为120MW/240MWh。项目一期规模为60MW/120MWh。

在储能多场景融合应用情况下，根据电网安全、稳定、经济、可靠运行要求，储能集中控制中心下发控制命令（功率、能量、响应时间、控制需求），各储能电站接受命令之后立刻下发至PCS执行，实现以下主要功能：①提高高峰负荷供电能力；②提高新能源的消纳；③提高系统调峰能力；④替代传统电力设备；⑤提高频率支撑能力；⑥提高断面输电极限。

在储能电站成本方面，根据公开的招标信息，储能系统EPC总包单位成本为1900~2000元/kWh，见表2-17。

表 2-17　长沙电网侧储能示范项目 EPC 总承包成本

项目	储能容量	招标范围	单价（元/kWh）
长沙芙蓉储能电站项目	26MW/52MWh	储能成套设备	1938
长沙榔梨储能电站项目	24MW/48MWh	储能成套设备	2000
长沙延农储能电站项目	10MW/20MWh	储能成套设备	2000

2.4.3 储能辅助服务（火电+储能联合调频配套储能）成本分析

在我国，大量的燃煤电厂参与了电力系统的频率调节。但大部分火电厂运行在非额定负荷以及做变功率输出时，效率并不高，且为满足调频需求而频繁的调整输出功率，会加大对机组的磨损，影响机组寿命。因此，火电机组并不完全适合提供调频服务，如果储能设备与火电机组相结合共同提供调频服务，可以提高火电机组运行效率，大大降低碳排放。另外，储能设备的双向充放电特性使其具备本身容量2倍的调节能力，非常适合调频服务。

目前成功的储能调频案例主要集中在睿能世纪和科陆电子两大企业，其投运的储能调频项目配套电池均是锂电池。

根据2019年火电储能典型项目信息，EPC总包单位成本在5.11~6.78元/Wh。表2-18为2018~2019年部分火电联合储能项目的EPC工程总承包价格。

表2-18   2018~2019年部分火电联合储能调频项目的EPC工程总承包价格

项目名称	中标时间	EPC单价（元/kWh）
山西同达电厂储能AGC调频项目	2018/02/10	7555
佛山恒益发电有限公司2×600MW机组新建储能调频项目	2019/03/19	6768
茂名臻能热电有限公司发电机组AGC储能辅助调频系统工程	2019/05/28	5097

区别于能量型应用场景所需要的锂电池，调频用锂电池技术难度更大，尤其侧重倍率性能。国内目前调频所需的锂电池倍率大都在2C，储能系统成本也是能量型锂电池的2~3倍。

2.4.4 工商业配套储能成本分析

储能在用户侧能够实现的价值指在现行电价和电力辅助服务相关政策下，安装的储能系统所能实现的直接或间接商业价值。

我国目前绝大部分省市工业大户均已实施峰谷电价制，通过降低夜间低谷期电价，提高白天高峰期电价，来鼓励用户分时计划用电，从而有利于电力公司均衡供应电力，降低生产成本，并避免部分发电机组频繁启停造成的巨大损耗等问题，保证电力系统的安全与稳定。储能用于峰谷电价套利，用户可以在电价较低的低谷期利用储能装置存储电能，在电高峰期使用存储好的电能，避免直接大规模使用高价的电网电能，如此可以降低用户的电力使用成本，实现峰谷电价套利。

根据数据显示，全国用电大省峰谷价差主要分布在0.4~0.9元/kWh，尤其对于江苏和广东这两个用电量全国前二的省份，其目录峰谷电价差高于0.8元/

kWh（高于铅碳电池和锂离子电池的全生命周期平均平准化度电成本），为用户侧利用储能来套利峰谷价差提供了可观空间。

目前的削峰填谷配套储能大部分集中在目录峰谷差价较高的北京、广东、江苏等地，其中储能电池系统的单价信息如图2-9所示。

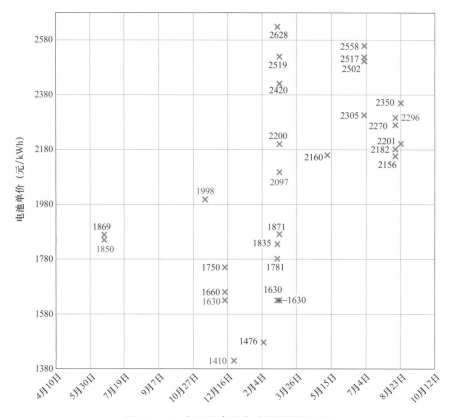

图 2-9　工商业用户侧电池单价信息汇总

图2-9中红色字体部分的用户侧电池系统中标信息见表2-19。

表 2-19　工商业用户侧部分项目电池单价

项目名称	中标时间	电池单价（元/kWh）
东莞供电局分布式储能系统	2018/06/20	1850
从化明珠工业园多元用户互动配用电系统示范工程总承包项目	2019/08/15	2296

续表

项目名称	中标时间	电池单价（元/kWh）
南网广州发展白云物流500kW/1MWh储能系统集成工程	2019/03/1	2097
2018年东莞供电局储能系统专项采购项目	2019/02/26	1630
福建晋江100MWh级储能电站试点示范EPC项目	2018/12/27	1410
广州恩梯恩裕隆传动系统有限公司储能项目储能设备采购	2018/11/13	1998

目前工商业用户侧的电池系统报价区间为1410~2628元/kWh，平均价格为2060元/kWh。根据平均价格测算储能全系统成本在2300~2400元/kWh。

（1）典型项目1。以北京市恒泰广场商业化储能示范项目为例进行成本分析。该项目装机容量为1.8MW/8.7MWh，是北京市最大的用户侧储能电站，电池类型为磷酸铁锂。项目盈利模式为峰谷差价套利，同时参加需求响应获取补偿，并提供应急备电、有功/无功调节等服务。

该项目总投资为1700万元，折算后的储能系统成本为1950元/kWh。项目的具体布置方案如图2-10所示。

（2）典型项目2。枣阳钒氮合金有限公司厂区10MW/40MWh全钒液流储能电站一期，3MW/12MWh全钒液流储能电站示范项目，如图2-11所示。

项目首期装机容量为3MW/12MWh，由普能公司提供全钒液流电池系统，储能电站包含：

1）6套500kW储能变流系统，包括6台500kW储能双向变流器、12台250kW直流变换器系统、3台1000kVA变压器。

2）12套250kW/1MWh钒液流电池单元。

项目一期总投资为5500万元，折算系统单价为4580元/kWh，与锂电池和铅碳电池系统相比，项目成本较高。但液流电池具有使用寿命长，可快速、

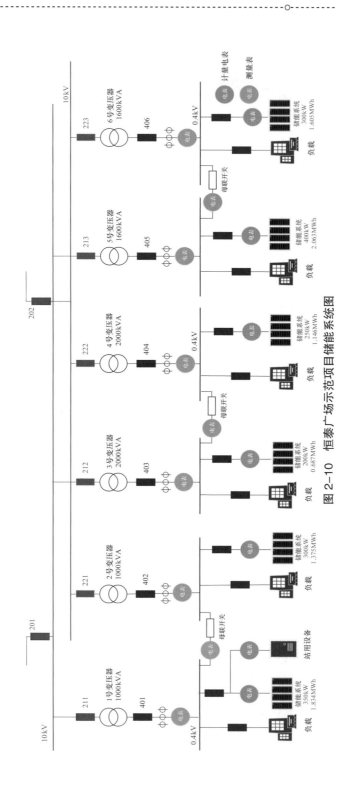

图 2-10 恒泰广场示范项目储能系统图

图 2-11　普能全钒液流电池系统

频繁、大电流地充放电，安全性高，配置灵活等特点。

　　根据普能公司数据，该项目使用的全钒液流电池系统充放电循环次数可达 10000 次以上（*DOD* 为 100% 的条件下），电池系统预期循环寿命超过 20 年，明显优于现有的锂电池系统。

　　在工商业应用中，电池储能系统凭借可以快速布置、具有毫秒级快速响应和四象限运行的能力，不但可用于电能量的时移，还可用于治理非线性负荷注入的谐波电流及配电网侧渗透的谐波电压。

　　因为电池储能系统在削峰填谷时会有闲置时间，所以可对电池储能系统进行多功能控制，利用闲置时间来治理谐波提高电能质量。参与电能质量治理的储能电池需要 4C 甚至更高的倍率性能。所以需要使用功率型电池，一般常用为高倍率三元锂电池。

　　飞轮储能系统也是适合电能质量治理的一种功率型储能技术，有以下几方面优势：

　　（1）功率密度高。飞轮储能系统的功率水平可达 10kW/kg，远远高于传统化学电池储能技术的功率密度，与超级电容器持平。

（2）寿命长。对于绝大多数二次电池，循环寿命与充放电深度成反比，但飞轮电池不受此影响。飞轮储能的寿命主要取决于飞轮材料的疲劳寿命和系统中电力电子器件的寿命，循环次数可达百万次，因此其使用寿命可达20年以上。

（3）可以实时准确监测系统荷电状态，只需要检测转速，便于应用系统的管理。

（4）环保。飞轮储能的整个生产过程和运行过程几乎不产生有害化学物质，在系统报废以后也不会面临有害化学物质回收的问题，因此非常环保。

（5）对环境温度不敏感。飞轮储能相对其他储能产品而言，对温度的适应范围很宽，从-40℃到50℃都可以正常工作。

飞轮储能目前作为能量型储能的应用价格昂贵。根据公开信息测算，200kW飞轮储能系统（功率型用途）制造成本为34.0万~72.0万元，研发成本分摊为6万元，合计40万~80万元/套，飞轮储能系统功率成本为2000~4000元/kW，能量成本为20万~40万元/kWh。

2.4.5　5G基站储能备电系统成本分析

作为在国内拥有97%通信铁塔市场份额的通信基础建设运营商，中国铁塔集团成为影响5G建设进度的关键。2018年中国铁塔集团已停止采购铅酸电池，统一采购梯次利用电池。截至2018年底，中国铁塔集团已在全国31个省市约12万个基站使用梯次锂电池约1.5GWh，直接替代铅酸电池约4.5万t。

根据中国铁塔集团的部分退役动力电池公开采购信息，电池系统（不含PCS和辅助系统）的单价为590~660元/kWh（见表2-20），与全新锂电池相比成本大幅降低。

表 2-20 部分梯次利用动力电池采购成本

项目名称	采购时间	采购容量	电池单价（元/kWh）
中国铁塔甘肃 2020 年大容量动力电池采购（电池系统）	2020/04	900kWh	590
中国移动 2020 年磷酸铁锂电池集中采购（电池系统）	2020/05	1900MWh	660

典型项目：北京普莱德新能源电池科技有限公司兆瓦时级梯次电池储能系统部署在江苏省溧阳市，系统包含 1.1MWh/180kW 储能集装箱（见图 2-12），包含退役动力电池包、BMS、PCS、交/直流配电柜、环控系统、远程监控系统等。

（a） （b）

图 2-12 普莱德梯次利用电池组及 180kW/1.1MWh 集装箱

（a）普莱德梯次利用电池组；（b）180kW/1.1MWh 集装箱

梯次利用电池应用的关键是在对电池健康状态进行全面分析的基础上，做到退役电池的筛选和重组，如图 2-13 所示。普莱德通过对自身动力电池历史数据的追踪分析电池健康状况，进行电芯分选的重组，检测的数据主要有以下几个方面：

（1）电池系统运行环境（电芯运行温度、电池包温度分布）。

（2）电池系统运行参数（充放电电流、电芯单体电压、剩余电量等）。

（3）电池系统运行模式（车辆运行工况、快慢充频次、充放电深度）。

相比利用新电池，梯次利用电池大幅降低了初始投资成本，在用户侧尤其工业园区具有较高的商业推广价值。

图 2-13　普莱德梯次利用电池包分选重组

将前述储能初始投资成本总结为表2-21，其中大型储能电站土建成本根据行业分析为0.03~0.04元/Wh，用户侧土建成本稍低，为20~30元/kWh。PCS和辅助设备（配电、消防、通风等）属于成熟技术，成本基本固定。磷酸铁锂电池除调频应用（功率型应用）EPC成本较高以外，系统EPC成本为2000~2500元/kWh。三元锂电池成本较磷酸铁锂稍高，而全钒液流电池目前系统EPC成本依然高于3000元/kWh。

表 2-21　储能初始投资成本

应用	储能技术	初始投资单位成本（元/kWh）				
		电池系统（含BMS）	PCS	辅助设备	土建	EPC总包
可再生能源配套储能	磷酸铁锂	1500~1900	200~400	160	30~40	2000~2500
	三元锂	2200~2300	200~400	160	30~40	2600~2900
	全钒液流	3000	200~400	160	30~40	3500~3600
电网侧储能	磷酸铁锂	—	—	—	30~40	1800~3500
火电储能联合调频	磷酸铁锂	—	—	—	30~40	5000~7500
工商业配套	磷酸铁锂，铅碳	1400~2600	—	—	20~30	
5G基站	梯次利用	590~690	—	—	20~30	

2.5 分场景储能平准化度电成本与里程成本核算

根据第一章介绍的平准化发电成本的计算方法，对不同应用场景的储能平准化度电成本进行核算。需要明确的是，对于储能技术在不同场景应用而言，全生命周期内实际循环次数还取决于场景实际应用需求，不一定等同于储能技术的全生命周期理论循环寿命。现以相同投资成本的锂离子电池系统在不同应用场景的应用为例，分析其平准化储电成本。分场景度电投资测算依据见表2-22。

表 2-22 分场景度电成本测算依据

测算参数	取值
单位投资成本（元/kWh）[1]	1800
系统年运维成本（元/kWh）[2]	90
系统残值（元/kWh）[3]	90
充电成本（元/kWh）[4]	0.3
系统充放电深度（%）	90
系统充放电效率（%）	86
系统容量衰减率（%）	2

注 ①根据CNESA2019年市场调研结果确定；
     ②按照投资成本5%计算；
     ③按照投资成本5%计算；
     ④北京地区工商业低谷电价平均水平。

2.5.1 可再生能源电站配套储能度电成本

可再生能源电站配套储能主要以吸纳弃风弃光电量、提高可再生能源发电效率为主。参考2020年度内蒙古西部电网发电量预期调控目标，领跑者项目年保障性收购小时数为1500h，此处以西北光伏保障性收购

1500h为例，若光伏若无限年运行时间可达到1800h左右（2016年青海光伏年运行小时数已经达到1700h，保守估计光伏年运行小时数无限电可达到1800h以上），则需要每千瓦储能年充放300h，10年生命周期总共充放3000kWh电量，按照系统DOD为90%计算，储能平准化度电成本为0.66元/kWh。

2.5.2 电网侧储能项目度电成本

电网侧储能项目以参与调峰、缓解电网供电高峰时段压力为主。中国电网供电高峰发生在夏季，以夏季运行70天、每天充放2h测算，每千瓦时储能全生命周期内充放电量为1400kWh，按照系统DOD为90%计算，储能平准化度电成本为0.85元/kWh。

2.5.3 储能辅助服务（火电＋储能联合调频配套储能）里程成本

电化学储能由于和火电联合参与调频，其日调节深度比较难以测算，以日调节10次、一次5min、年运行300天粗略计算，每千瓦储能10年总共调节5000kW，按照系统DOD为90%计算，储能里程成本为0.35元/kW。

2.5.4 用户侧配套储能度电成本

用户侧按照年运行330天，每天一充一放，每次充放电2h测算，每千瓦时储能全生命周期内一共充放电量6600kWh，按照系统DOD为90%计算，储能平准化度电成本为0.52元/kWh。

2.5.5 5G基站储能备用电源度电成本

我国对5G基站统一执行一般工商业电价，典型地区一般工商业峰谷分时电价，见表2-23。考虑电池的运行维护时间，将电池一年的利用天数设为345天。通信基站传统备用电源通常为铅酸电池，当前多选用锂离子电池或梯

次利用锂离子电池。此处选用一种寿命较长的铅碳电池和全新的锂离子电池
和梯次利用锂离子电池进行对比。

表 2-23　典型地区一般工商业峰谷分时电价

时段	时间	电价（元/kWh）
平段	7:00~8:00，12:00~19:00	0.6578
尖峰	19:00~21:00	1.1183
高峰	8:00~12:00，21:00~23:00	0.9867
低谷	23:00~7:00	0.3289

结合实际情况，铅碳电池能量效率设为88%，循环次数为3000次；全新
锂离子电池能量效率设为90%，循环次数为12000次；梯次利用锂离子电
池能量效率设为75%，循环次数为5000次；设定最小储能备用时间为3 h，
电池回收系数为0.5，储能放电补贴为每千瓦时0.3元，投资成本限值200
万元，电池能量倍率为2.74，通货膨胀率为2%，贴现率为8%。根据储能
平准化度电成本计算公式，铅碳电池的度电成本为650元/kWh，全新锂离
子电池的度电成本为2000元/kWh，梯次利用锂离子电池度电成本为1150
元/kWh。

2.6　小结

本章对中国市场不同应用场景的储能技术进行了选型分析，并对各选
型技术进行了成本分析。从调研情况看，目前最主流的锂离子电池、铅碳
电池、全钒液流电池三种技术基本覆盖了从能量型到功率型的各种应用场
景。受益于中国新能源汽车产业飞速发展的带动，动力电池性能大幅提升，
价格快速下降，为锂离子电池在储能的大规模应用创作了有利条件。相对于
其他储能技术，锂离子电池兼具高能量密度和高功率密度的技术特性，是

目前在发电、电网、终端用电等领域应用最广、商业化程度最高的储能技术。

PCS、BMS、配电辅助等子系统技术均已成熟，随着生产规模的扩大和技术成熟度提高，未来锂离子电池系统的单位成本还有下降空间。

受2021年底开始的锂矿大幅涨价及碳酸锂原材料上涨影响，电芯成本持续上涨。截至2022年11月，碳酸锂现货价格突破60万元/t大关。然而这种上涨是不理性的，更多是由于世界范围内电动汽车增产导致的供需失衡。长周期来看，随着电动汽车渗透率持续上涨，电动汽车增长空间下降，碳酸锂价格大概率会下降至15万~20万元/t，可能会上下浮动。从电芯成本的下降潜力看，电芯成本将会持续走低。长远来看，根据主要锂电厂家调研结果，预计到2025年，磷酸铁锂电芯成本有望下降到0.3~0.5元/Wh。

铅碳电池的电芯成本目前基本在0.7~0.8元/Wh之间，根据厂家调研信息，由于铅价基本稳定，未来铅碳电芯成本下降空间非常有限。相比锂离子电池，全钒液流电池的循环寿命更高，运行安全性更好，且电解液可完全回收，功率和能量可单独设计，但其单位初始投资成本仍较高，限制了其应用。从液流电池系统成本来看，目前电池系统成本在2.5元/Wh左右，全系统成本高于3元/Wh。根据融科集团的预测，未来其800MWh项目的造价有望低至1.8元/Wh，普能集团认为，未来规模量产，如1GWh的情况下，成本能够低至1.5元/Wh。液流电池技术仍需要再不断降低成本，提升技术成熟度，并在特定场景寻找适合的应用机会。

三种主流储能技术未来系统成本下降趋势如图2-14所示，到2025年液流电池系统成本随着技术的不断成熟和项目规模的扩大，预计会下降到2500元/kWh以下。锂离子电池系统成本预计会下降到2000元/kWh以下，接近1500元/kWh。由于技术已经十分成熟，铅碳电池的成本下降空间有限，但仍会下降到1500元/kWh以下，和锂电池成本的差距将会进一步缩小。

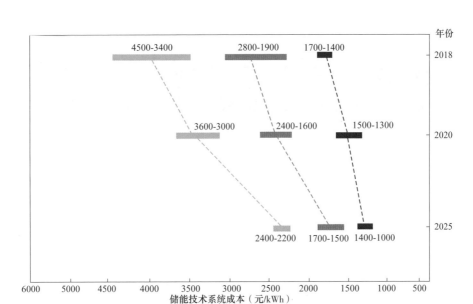

图 2-14   三种主流储能技术成本下降趋势

3 多应用场景储能系统收益分析

评价储能工程项目经济性，既需要从财务管理角度出发，利用准确的财务方法和指标对工程项目的投资进行评价，又需要取得有效可信的基础数据，这样得出的结果才具有真实可靠性，并能够与客观实际保持一致。本章引入了财务成本管理中经济性评估指标的相关概念，选取可再生能源电站配套储能、电源侧调频配套储能、电网侧储能、工商业用户侧储能及5G基站配套储能等应用场景，进行政策分析及典型项目的经济性测算。

3.1 储能系统经济性评估指标

现代财务管理理念中，货币的时间价值是一个重要的概念，它反映了由于时间的作用而使现在的一笔资金的经济价值高于将来的某个时期的同等数量的资金的经济价值，或者随着时间的推延资金所具有的增值能力。为了能够准确地预期或评估储能系统投资在某时间点的经济性，在研究投资储能项目的经济性之前，有必要引入货币的时间价值、复利终值、现值、现金流量模型、资本成本、项目投资评价方法等概念。

3.1.1 货币基本概念及定义

1.货币的时间价值

货币的时间价值是指货币在经过一定时间的投资和再投资后增加的价值。货币具有时间价值的依据是货币投入市场后，其数额会随着时间的延续而不断增加。这是一种普遍的客观经济现象。货币时间价值原则的首要应用是现值概念。由于现在的1元钱比将来的1元钱经济价值大，不同时间的货币价值不能直接加减运算，需要进行折算。通常要把不同时间的货币价值折算到"现在"这个时点或"零"时点，然后对现值进行运算或比较。财务估值中，广泛使用现值进行价值评估。

2.复利终值

复利终值（Future Value）是现在的一笔钱或一系列支付款项按给定的利息率计算得到的未来时间点的价值，俗称"本利和"，记作 F 或 FV。

$$F=P(1+i)^n \qquad (3-1)$$

式中　　　　F——第 n 年的复利终值；

　　　　　　P——现值；

　　　　　　i——利率；

　　　　　　$(1+i)^n$——复利终值系数，记作（$F/P, i, n$）。

3.现值

现值（Present Value）是未来的一笔钱或一系列支付款项按给定的利息率计算所得到的现在的价值，现值可以看成"本金"（相对于终值的"本利和"），现值记作 P 或 PV。

$$P=F/(1+i)^n \qquad (3-2)$$

式中　　　　P——现值；

　　　　　　F——第 n 年的复利终值；

　　　　　　i——折现率；

　　　　　　$1/(1+i)^n$——复利终值系数，记作（$P/F, i, n$）。

4.现金流量模型

现金是公司流动性最强的资产，是公司生存的"血液"。现金流量包括现金流入量、现金流出量和现金净流量。对于公司整体及其经营活动、投资活动和筹资活动都需计量现金流量，进行现金流量分析、现金预算和现金控制。

依据现金流量建成的现金流量折现模型，取代了过去使用的收益折现模型，用于项目投资的价值评估。

现金流量折现模型是对特定项目净现值的评估模型。从投资决策的角度，项目投资者需要评估特定项目的净现值，以取得并比较净增加值，并作出相应的决策。价值评估除了研究现金流量，还要确定折现率。

5.资本成本

一般说来，资本成本是指投资资本的机会成本。这种成本不是实际支付的成本，而是一种失去的收益，是将资本用于本项目投资所放弃的其他投资机会的收益，因此被称为机会成本。例如，投资人投资一个公司的目的是取得回报，他是否愿意投资于特定企业要看该公司能否提供更多的报酬。为此，他需要比较该公司的期望报酬率与其他等风险投资机会的期望报酬率。如果该公司的期望报酬率高于所有的其他投资机会，他就会投资该公司。他放弃的其他投资机会的收益就是投资于本公司的成本。因此，资本成本也称为投资项目的取舍率、最低可接受的报酬率。

6.项目投资评价方法

投资项目评价使用的基本方法是现金流量折现法，主要有净现值法和内含报酬率法。此外，还有一些辅助方法，主要是回收期法和会计报酬率法。

3.1.2 静态评价指标

静态评价指标是在不考虑时间因素对货币价值影响的情况下，直接通过现金流量计算出来的经济评价指标。静态评价指标的最大特点是计算简便，适于评价短期投资项目和逐年收益大致相等的项目。此外，对方案进行概略评价时也常采用静态评价指标。

1.静态投资回收期

静态投资回收期是指在不考虑时间价值的情况下，由投资引起的现金净流量收回全部初始投资额所需要的时间，静态投资回收期通常以年为单位，包括建设期的静态投资回收期和不包括建设期的静态投资回收期两种形式。它是衡量收回初始投资额速度快慢的指标，该指标越小，回收年限越短，工程方案越有利。

计算静态投资回收期的公式如下：

$$\sum_{t=0}^{P}\left(CI-CO\right)_t=0 \qquad （3-3）$$

式中　　CI——第t年项目的现金流入量；

　　　　CO——第t年项目的现金流出量；

　　　　P——静态投资回收期。

一般地，项目建成后各年的净收益不尽相同，应根据现金流量表求出累计净现金流量，根据累计净现金流量由负值转向正值之间的年份计算静态投资回收期。其计算公式如下：

$$P = P_t -1 + NCF_L/NCF_N \qquad （3-4）$$

式中　　　　P——静态投资回收期；

　　　　　　P_t——累计净现金流量出现正值的年份；

　　　　NCF_L——上一年累计净现金流量的绝对值；

　　　　NCF_N——当年净现金流量。

静态投资回收期的经济意义明确，具有直观、简单的特点，在一定程度上反映了方案经济效果的优劣和项目风险的大小。但是，静态投资回收期指标把不同时点上的现金收入和支出用毫无差别的资金进行对比，忽略了货币的时间价值因素，且没有反映出投资回收期后方案的经营情况，因而不能全面反映项目在整个寿命期内的真实经济效果。

2.总投资收益率

总投资收益率是指项目达到设计能力后在正常运营年份的年息税前利润或运营期内年平均息税前利润与项目总投资的比率，表示总投资的盈利水平，常用于项目融资后的盈利能力分析。

计算总投资收益率的公式如下：

$$ROI = \frac{EBIT}{TI} \times 100\%$$ （3-5）

式中　　ROI——总投资收益率；

$EBIT$——项目达到设计能力后在正常运营年份的年息税前利润，所谓息税前利润是指支付利息和所得税之前的利润；

TI——项目总投资。

如果总投资收益率大于该行业的收益率参考值，则认为该项目用总投资收益率表示的盈利能力满足要求；若总投资收益率小于该行业的收益率参考值，则认为该项目用总投资收益率表示的盈利能力不足，不满足要求。

3. 净资产收益率

项目资本金净利润率是指项目达到设计能力后在正常年份的年净利润或运营期内平均净利润与项目资本金的比率，它表示项目资本金的盈利水平，常用于项目融资后的盈利能力分析。

计算项目资本金净利润率的公式如下：

$$ROE = \frac{NP}{EC} \times 100\%$$ （3-6）

式中　　ROE——项目资本净利润；

NP——项目达到设计能力后在正常年份的年净利润或运营期内平均净利润；

EC——项目资本金。

如果项目的资本金净利润率大于同行业净利润率参考值时，则认为该项目用资本金净利润率表示的盈利能力满足要求；若资本金净利润率小于该行业的净利润率参考值，则认为该项目用资本金净利润率表示的盈利能力不足，不满足要求。

3.1.3 动态评价指标

动态评价指标是在考虑资金的时间价值的基础上，对方案进行评价。与静态评价指标相比，动态评价方法更加注重考察方案在其计算期内各年现金流量的具体情况，因此更加科学和全面，应用更广泛。动态评价指标包括动态投资回收期、净现值、内含报酬率等。

1.动态投资回收期

动态投资回收期是在计算回收期时考虑资金的时间价值，即在给定的基准收益率下，用方案各年净收益的现值来计算回收全部投资的现值所需的时间。

计算动态投资回收期的公式如下：

$$\sum_{t=0}^{P'}(CI-CO)_t(1+i)^{-t}=0 \qquad (3-7)$$

式中　　CI——第 t 年项目的现金流入量；

　　　　CO——第 t 年项目的现金流出量；

　　　　P'——动态投资回收期；

　　　　i——基准折现率。

实际计算时，通常是根据方案的现金流量，采用表格计算的方法。计算公式如下：

$$P'=P_t-1+NCF_L$$

式中　　　P'——动态投资回收期；

　　　　　P_t——累计净现金流量出现正值的年份；

　　　　NCF_L——上一年累计净现金流量的绝对值。

如果 P' 小于设定的动态回收期目标，则项目可行；反之则不可行。

2.净现值

净现值是指特定项目未来现金净流量现值与初始投资额现值的差额，是评价项目是否有可行性的最重要指标。通过数学变形，可以得出其既可以是未来现金流入现值与未来现金流出现值的差额，也可以是计算期现金净流量的现值。

计算净现值的公式如下：

$$NPV = \sum_{t=0}^{N} CI\left(1+i\right)^{-t} - \sum_{t=0}^{N} CO_t\left(1+i\right)^{-t}$$

$$= \sum_{t=0}^{N}\left(CI-CO\right)_t\left(1+i\right)^{-t} \tag{3-8}$$

式中　　NPV——项目的净现值；

CI——第t年项目的现金流入量；

CO——第t年项目的现金流出量；

i——基准折现率；

N——项目周期。

按照这种方法，所有未来现金流入和流出都要用资本成本折算现值，然后用流入的现值减流出的现值，得出净现值。如果净现值为正数，表明投资报酬率大于资本成本，该项目可以增加股东财富，应予采纳。如果净现值为零，表明投资报酬率等于资本成本，不改变股东财富，可选择采纳或不采纳该项目。如果净现值为负数，表明投资报酬率小于资本成本，该项目将减损股东财富，应予放弃。

3.内含报酬率

内含报酬率也可称为内部收益率、内部报酬率等，是指能够使未来现金净流量现值等于初始投资额现值的折现率，或者说是使投资项目净现值为零的折现率。

当净现值为0时，即当未来现金净流量现值等于初始投资额现值时，$i=$内含报酬率。

内含报酬率是项目本身的盈利能力。如果以内含报酬率作为贷款利率，通过借款来投资本项目，那么，还本付息后将一无所获。

计算内含报酬率的公式如下：

$$\sum_{t=0}^{N}\left(CI-CO\right)_t\left(1+IRR\right)^{-t}=0 \tag{3-9}$$

式中　　CI——第t年项目的现金流入量；

CO——第t年项目的现金流出量；

IRR——内含报酬率；

N——项目周期。

采用净现值主要有以下优点：

（1）考虑了资金时间价值，增强了投资的经济性评价。

（2）考虑了全过程的净现金流量，体现了流动性与收益性的统一。

（3）考虑了投资风险，风险大则采用高折现率，风险小则采用低折现率。

但也有以下缺点：

（1）净现值的计算较麻烦，难掌握。

（2）净现金流量的测量和折现率较难确定。

（3）项目投资额不等时，无法准确判断方案的优劣。

（4）无法体现投资的战略性，如某些大型战略投资涉及企业竞争力的建立，但投资初期的净现值通常较低。

鉴于动态指标可以更清晰地反映项目全生命周期的现金流量，本章的收益分析采用动态评价指标。

3.1.4　税费影响

2016年5月1日中国全面实行营业税改增值税后，到目前为止一共有18个税种，即增值税、企业所得税、个人所得税、消费税、关税、房产税、契税、车船税、船舶吨位税、印花税、城市维护建设税、车辆购置税、耕地占用税、土地增值税、资源税、城镇土地使用税、烟叶税和环境保护税，另外还包括教育附加与地方教育附加等费用。其中关税和船舶吨位税由海关征收，进口货物的增值税、消费税由海关部门代征，其他税由国家税务部门征收。我国实行分税制，中央政府固定收入包括消费税（含进口环节海关代征的部分）、车辆购置税、关税、海关代征的进口环节增值税等；地方政府固定收入含城镇土地使用税、耕地占用税、土地增值税、房产税、车船税、契税、环境保护税、烟叶税等；中央政府与地方政府共享收入包括增值税（不含进口环节由海关代征的部分，中央分享50%、地方分享50%）、企业所得税（铁路总公司、各银行总行及海洋石油企业缴纳的部分归中央政府，其余部分中央与地方政府按60%和40%比例分享）、个人所得税（除储蓄存款利息所得的个税外，其余部分的分享比例与企业所得税相同）、资源税（海洋石油企业缴纳的部分归中央政府，其余部分归地方政府）、印花税（2016年1月1日起，将证券交易印花税由现行中央97%和地方3%比例分享全部调整为中央收入），以及城市维护建设税（中国铁路总公司、各银行总行、各保险总公司、集中缴纳的部分归中央政府，其余部分归地方政府）。

按课税的对象可以将可分为流转税、所得税、财产税、资源税、行为税。其中流转税包括增值税、消费税、关税，当前流转税占我国税收的50%左右，其中增值税占国内总税收的40%左右。所得税为我国第二大税种，包括企业所得税和个人所得税，占国内税收总收入的25%，其中企业所得税占整个所得税的90%左右。剩余其他税种占比相对较小，对企业课税负担影响较小。对于储能项目投资建设的公司，应主要考虑增值税与企业所得税对企业收入盈利的影响。

1.增值税影响

（1）增值税基础知识。对于投资建设储能项目的公司而言，增值税进项税额主要由储能设备购进、储能项目安装、建筑工程及其他服务费用产生，增值税销项税额主要由储能项目为企业带来的收益产生。通过式（3-10）计算出应纳税所得额。

$$当期应纳税额 = 当期销项税额 - 当期进项税额 \tag{3-10}$$

其中销项税额计算公式为式（3-11）。

$$当前销项税额 = 当期不含税营业收入 \times 税率 \tag{3-11}$$

其中进项税额计算公式为式（3-12）。

$$\begin{aligned} 进项税额 = &设备不含税购置费用 \times 税率 + 设备安装不含税费用 \times \\ &税率 + 建筑工程不含税费用 \times 税率 + 其他服务费用 \times \\ &税率 + 当期产生的其他费用 \times 税率 \end{aligned} \tag{3-12}$$

对于一般纳税人，购置储能设备产生的进项税的税率为13%，设备安装工程的进项税税率为9%，其他服务费用的进项税税率为6%，目前储能参与服务所获得的营业收入产生的销项税的税率为13%。我国对于一些特定行业及销售特定的货物采用免征增值税或即征即退和减半征收增值税的优惠政策，但目前对于一般纳税人投资建设储能项目尚没有优惠政策。

如果政策给予优惠，譬如参照光伏的增值税即征即退政策，对纳税人销售自产的储能系统给予50%的退税政策。按照13%的增值税缴纳比例，可以降低6.5%的税率，这样有利于降低储能系统购置成本，降低设备投资企业初始投资压力。

（2）基于增值税的企业现金流风险。增值税是企业缴纳税款最多的大税种，其税款缴纳对企业资金流产生巨大冲击，从而影响企业资金周转。鉴于增值税价外计征特性和"以票控税"政策，有力地维护了增值税征收秩序的同时，也着实有效地避开企业最为关注的损益影响而悄悄地侵蚀着企业资金，形成不容忽视的现金流风险。

现金流风险，是企业现金流出与流入时间不一致而造成企业生产经营陷入困境、收益下降、形象和声誉受损、财务危机甚至最终破产等的可能性。在征收增值税环境下，一般纳税人企业由于缴纳价外增值税而在损益之外支付税金，必将引起"非经营性"现金流出。而当前，储能行业商业模式不够清晰、市场机制不够健全，前期投入大资金周转时间长，无疑会大大加重储能项目投资者的现金流困难，因此如果税收政策不能给予足够优惠，储能项目的可持续建设必将步履艰难。

2.企业所得税影响

（1）企业所得税基础知识。企业所得税应纳税所得额可以用式（3–13）进行计算。

$$当期所得税=当期企业应纳税所得额 \times 税率 \qquad (3\text{–}13)$$

当期企业应纳税所得额可采用直接法，计算公式为式（3–14）。

$$应纳税所得额=收入总额-不征税收入-免税收入-$$
$$各项扣除-以前年度亏损 \tag{3-14}$$

或采用间接法，见式（3-15）。

$$当期企业应纳税所得额=会计利润总额 \pm 纳税调整项目金额 \tag{3-15}$$

我国对于企业所得税采用25%、20%、15%的税率进行征收，对于亏损的企业，允许在5年内扣除。其中企业在经营过程中产生的材料费、固定资产折旧费、运维费、保险费、财务费用等费用可以税前扣除。当前对于一般纳税人的企业而言，主要采用25%缴纳所得税，符合条件的小型微利企业减按20%税率，高新技术企业采用15%缴纳所得税。对于小微企业政策优惠力度较大，甚至采用免所得税的优惠政策，但对企业营收和利润要求较为严格，另外对于小微企业由于只能开具普通发票，带来一定的商业问题，难以与合作伙伴进行长久合作，不建议开设小微企业进行储能项目的建设运营，当然政策出现变化时可根据政策变化情况进行相关业务活动。

另外国内对于光伏风电等发电企业采用三免三减半❶征收所得税；同样地，在现阶段，国内同样可以采用三免三减半征收储能行业的所得税。

（2）纳税范围影响。对于投资储能产业的纳税义务人而言，注册为何种企业对于缴纳何种税种是完全不同的。

如果储能企业注册为个人独资企业或者合伙企业，由于不具有法人资格，则不需要缴纳企业所得税，而是按经营所得缴纳个人所得税；如果储能企业注册为公司制企业，则缴纳企业所得税。这两种所得税计算方式、计税基础等完全不同，因此当企业准备投资储能企业时，必须对所注册的企业类型进行充分论证，以避免不必要的税收损失。

---

❶ 三免三减半是指符合条件的企业从取得经营收入的第一年至第三年可免交企业所得税，第四年至第六年减半征收。

（3）递延所得税影响。由于会计和税法规定的不同，造成会计口径编制报表时报表项目数字与税法口径存在差异，造成资产或者负债的账面价值与计税基础产生了应纳税额暂时性差异或可抵扣暂时性差异，进而导致产生所得税费用或所得税资产。

在企业利润表中，所得税费用项目排在利润总额之后，因此有：

$$利润总额 - 所得税费用 = 净利润 \qquad (3-16)$$

而：

$$"所得税费用"项目 = 当期所得税 + 递延所得税费用$$
$$(-递延所得税资产) \qquad (3-17)$$

因此，递延所得税能够影响企业的净利润，从而影响到储能项目经营方的现金流。如前所述，产生递延所得税的原因是会计和税法规定的不同。具体到投资储能的企业，其主要采购储能设备用作固定资产。对于固定资产而言，初始确认时，会计和税法一般无差异。后续计量时，因为折旧方法、折旧年限、计提固定资产减值准备等会产生差异。具体地，从会计角度，其账面价值=实际成本-会计承认的累计折旧-固定资产减值准备；而从税法角度，计税基础=实际成本-税法累计折旧。

在实际应用中，从一个企业角度出发，可以通过"递延所得税（负债）"进行变相的融资。由于货币具有时间价值，通过打时间差，可达到暂时占用资金的目的，相当于变相融资。公司常见的融资方式有：银行贷款，变卖资产，发行股份等传统方式。此外，还有一些间接融资方式，比如通过应付账款占用上游供应商的资金，例如微软提前收取客户3年的软件使用权费用。另外还有一种隐蔽的，通过合法的税务筹划减少税负，要么完全减少公司的现金流出，要么延后公司的现金流出（这种情况下公司最终还是要支付那么多税款，只是按照早收晚付这一货币时间价值原则，尽量延后支出现金。成本越在后期支付，现值成本就越低）。举例说明如下：

假如A公司花300万元购买了一套储能系统装置，可以使用3年，最后残值为0，那么每年折旧100万元。这是企业在会计上通常的处理方式。若A公司在报税的时候想延后支付一部分税款，可以通过所得税税务筹划实现。

这套储能系统在第1年使用频率很高，后2年由于技术进步，该装置变得陈旧，使用频率降低，公司希望折旧由多到少，因此采用加速折旧法。显然A公司这样做的目的，是希望第一年税前扣除的折旧费用多一些，之后每年扣除的折旧费用少一些。这样一来，前两年就可以少缴所得税（因为多扣除了折旧，应纳税所得额比起会计上的净利润减少了），虽然后两年会比按会计上的净利润计算多缴所得税（因为少扣除了折旧，应纳税所得额比起会计上的净利润增加了），但最终达到了晚付税款的目的。

从上面的例子可以发现，A公司3年支付总的所得税在会计方式下和税法方式下是一样的。但是在会计方式下，每年支付的所得税是均匀的；在税法方式下，所得税支付逐年增加，第一年支付的最少。具体的数字用图3-1中的两个简表说明（假设税率为40%）。

把两种方式下的所得税罗列在一起，结果见表3-1。

由于折旧的差异，第一年和第三年产生了递延所得税。但三年合计缴纳的税款，无论是按会计方式还是按税法方式，都是一样的，最后递延所得税消失了。但是站在A企业的角度，其第一年的间接法现金流量表见表3-2。

所得税率:			40.0%
资产初始成本:			$ 300

年折旧率 %:		33.3%	33.3%	33.3%

	会计方式		
	第一年	第二年	第三年
收入:	$ 1,000	$ 1,000	$ 1,000
成本与费用:	500	500	500
折旧:	100	100	100
税前利润:	400	400	400
所得税:	160	160	160
净利润:	240	240	240

（a）

年折旧率 %:		50.0%	33.3%	16.7%

	税法方式		
	第一年	第二年	第三年
收入:	$ 1,000	$ 1,000	$ 1,000
成本与费用:	500	500	500
折旧:	150	100	50
税前利润:	350	400	450
所得税:	140	160	180
净利润:	210	240	270

（b）

图3-1　A公司简版利润表（单位：万元）

（a）会计方式；（b）税法方式

表3-1 A公司递延所得税计算　　　　（单位：万元）

所得税 ＼ 时间	第一年	第二年	第三年	合计
会计下的所得税	160	160	160	480
税法下的所得税	140	160	180	480
递延所得税	20	—	20	—

表3-2 A公司现金流量表　　　　（单位：万元）

现金流量表	无递延所得税	有递延所得税
经营活动产生的现金流		
净利润	$240	$240
折扣	100	100
递延所得税	—	20
运营资产与负债的变化		
应收账款的变化	—	—
预付费用的变化	—	—
存货的变化	—	—
应付账款的变化	—	—
递延收入的变化	—	—
经营活动产生的现金流	$340	$360

第一年企业可以用少付的20万去做投资和扩大经营，相当于从政府那里借了无息贷款，第三年结束再还上。

3.1.5 敏感性分析涉及因素

1.敏感性分析方法

敏感性分析是一项有广泛用途的分析技术。投资项目的敏感性分析，通常是在假定其他变量不变的情况下，测定某一个变量发生特定变化时对净现值（内含报酬率）的影响。敏感性分析方法包括最大最小法和敏感程度法两种。

（1）最大最小法。最大最小法的主要步骤是：

1）给定计算净现值的每个变量的预期值。计算净现值时需要使用预期的初始投资、营业现金流入、营业现金流出等变量。这些变量都是最可能发生的数值，称为预期值。

2）根据变量的预期值计算净现值，由此得出的净现值称为基准净现值。

3）选择一个变量，并假设其他变量不变，令净现值等于零，计算选定变量的临界值。如此往复，测试每个变量的临界值。

通过上述步骤，可以得出使基准净现值由正值变为负值的各变量的最大（或最小）值，可以帮助决策者认识项目的特有风险。

此外，还可以分析初始投资额、项目的寿命等的临界值，或者进一步分析营业现金流量的驱动因素，如销量最小值、单价最小值、单位变动成本最大值等，以更全面地认识项目风险。

（2）敏感程度法。敏感程度法的主要步骤如下：

1）计算项目的基准净现值（方法与最大最小法相同）。

2）选定一个变量，如每年税后营业现金流入，假定其发生一定幅度的变化，重新计算净现值。

3）计算选定变量的敏感系数：

$$敏感系数 = 目标值变动百分比 \div 选定变量变动百分比 \qquad (3-18)$$

敏感系数表示选定变量变化1%时导致目标值变动的百分数，可以反映目标值对于选定变量变化的敏感程度。

4）根据上述分析结果，对项目的敏感性作出判断。

敏感性分析是一种最常用的风险分析方法，计算过程简单，易于理解，但也存在局限性，主要有：①在进行敏感性分析时，只允许一个变量发生变动，而假设其他变量保持不变。但在现实世界中这些变量通常是相互关联的，会一起发生变动，且变动的幅度不同。②每次测算一个变量变化对净现值的影响，可以提供一系列分析结果，但是没有给出每一个数值发生的变化。

2.技术因素

一般地，大规模电能存储的储能系统产品需要同时满足低成本、长寿命、高安全等要求。除此之外，还应该关注储能系统的效率、寿命及系统性能的可靠性等方面。上述指标均会在不同程度上影响储能系统的经济性，现通过定性和定量方式分析不同指标对储能系统经济性影响程度。

（1）系统成本：系统成本与储能项目投资企业初始投资规模直接相关，当系统年均收益一定时，储能系统的成本决定企业收回成本的时间及项目投资内含报酬率。

（2）循环寿命：系统循环寿命直接影响储能系统获得的总收益，当系统使用寿命较长时，可为用户创造更大的价值，提供更长时间的服务。以光伏发电为例，储能系统充放电次数满足6600余次时，每天一充一放，使用寿命可达20年之久，当储能系统寿命超过1万次时，每天可进行两充两放，为光伏发电系统提供更多服务，创造更多价值，这将大大缩短项目投资回收期。但对于某些项目而言，储能系统年充放电量取决于电力系统调度指令，例如调频项目，循环寿命的提升对于投资回收期影响并不大。

除了系统寿命和系统成本之外，系统的能量效率也将直接影响储能系统的投资收益，并影响项目投资回收期和项目内含报酬率，当前整个储能系统的效率在85%左右，当储能系统效率达到90%时，仍以上述案例为例，系统的内含报酬率将达到4.52%,使内含报酬率提高了15%。另外储能系统的可靠性和安全性也将影响系统的内含报酬率，当储能系统可靠性较低时，整个投资期限内，系统维护和维修成本等费用将影响项目的投资收益率；如果系统安全性较差，整个项目的风险将提高，除了保险费较高外，企业将承担高昂的风险代价。

3. 非技术因素

除了上述技术因素外，贷款利率也将直接影响企业项目投资内含报酬率。对于企业而言，采用固定期限贷款方式，将每年还本付息，如果贷款利率过高，将严重占用企业流动资金，项目带来的收益将大部分用于偿还企业借款利息费用，严重影响企业项目投资收益率和项目投资财务净现值。

3.2 可再生能源电站配套储能收益分析

随着风电和光伏等新能源机组并网规模日益增加，其对电力系统运行的支撑能力不足现象日益突出，导致电力系统惯量持续减小；新能源基地送出系统面临过电压和频率越限等风险，严重影响电网的安全稳定运行，因此可再生能源电站配套储能成为解决问题的必选答案。

3.2.1 可再生能源电站配套储能相关政策

1. 各地可再生能源配置储能政策

（1）青海。2017年，青海省要求风电场强制配套10%储能，当时是储能发展的新阶段，由可再生能源场站负担储能投资成本。近几年政策由强制转向非强制，但并未抑制可再生能源场站对配套储能系统的探索，青海也依旧是集中式可再生能源储能协同应用的重要地区。

（2）新疆。新疆维吾尔自治区发展改革委在2019年发布了《关于开展发电侧光伏储能联合运行项目试点的通知》（新发改能源〔2019〕618号），明确按照不低于光伏电站装机容量15%，且额定功率下的储能时长不低于2h配置储能系统。政策将于2020年起给予光伏电站持续五年、每年增加100h优先发电电量的支持，并尽力确保储能电站每天至少做到一充一放，尽力通过新疆调峰辅助服务市场予以储能系统充电补偿。但因为政策相关支持内容无法落地实施，储能投资风险较大，大部分储能系统供应商和投资商纷纷退出新疆市场，原定于2019年十一月中旬前投运的光储项目相继拖延。新疆维吾尔自治区发展改革委随后印发《关于取消一批发电侧光伏储能联合运行试点项目的通知》，仅保留光储项目5个，其余31个项目基于政策严肃性均被移出名单，总落实投运项目规模为77MW/154MWh。

（3）西藏。西藏自治区能源局印发了《关于申报我区首批光伏储能示范项目的通知》（藏能源〔2019〕71号），开启了首批光伏储能示范项目征集工作，明确为增加西藏电力系统备用容量，促进光伏消纳，依据目前光伏电站布局及消纳情况，将优先支持拉萨、日喀则、昌都已建成光伏电站侧建设储能系统，规模不超过200MW/1GWh，同时鼓励在阿里地区建设20MW光伏+120MWh储能项目，故总储能项目装机规模将达1.12GWh。

（4）华东地区。除西北地区为解决既有可再生能源弃电问题外，华东地区也在研究利用储能系统支持未来可再生能源的大规模接入。江苏能源监管办于2019年发布了《关于进一步促进新能源并网消纳有关意见的通知》（鲁能源新能源〔2019〕183号），提出"鼓励新能源发电企业配置一定比例的电源侧储能设施，支持储能项目参与电力辅助服务市场，推动储能系统与新能源协调运行，进一步提升系统调节能力。加快推进电力辅助服务市场建设，鼓励和支持新能源企业优化提升机组调节性能，促进合理分摊辅助服务补偿费用，通过市场手段破解新能源消纳矛盾"。在安徽、山东等地，同样有类似政策支持储能与新能源的协同发展，山东省能源局发布了《关于做好我省光伏平价上网项目电网接入工作的通知》，鼓励较大规模集中式光伏电站自主配备适当比例的储能设施，减少弃光风险。另外河南、内蒙古、辽宁、湖南等省份均提出了优先支持配置储能的新能源发电项目，新能源场站配置储能成为行业讨论热点。储能与可再生能源的结合必将是未来一段时期内我国储能政策的重点支持方向。

2. 收益模式

储能能够为集中式光伏、风电场站中带来的收益主要包括以下几个方面：

（1）削峰填谷。光伏电站、风电场加装储能系统后，能够将弃光、弃风电量作为储能充电电量。如在中午光伏发电高峰导致消纳受限时吸收，在早晚非限电时段内放出。利用储能系统对电量的时间转移功能，既可以解决自身引起的弃光限电问题，又可以将不连续、不稳定的光伏转化成连续、稳定的优质电能输出，这是目前为可再生能源场站配置储能的主要收益来源。

（2）参与一次调频。DL/T 1870—2018《电力系统网源协调技术规范》提出新能源（风电场、光伏发电站）通过保留有功备用或配置储能设备，并利用相应的有功控制系统或加装独立控制装置，可实现一次调频功能，但目前难以准确衡量带来的收益。

（3）跟踪计划出力。储能系统响应速度快（毫秒级），调节能力强，控制精确，具有双向调节能力。利用储能系统对光伏实际功率与预测功率之间的差额进行跟踪补偿，可以间接提高光伏发电的预测精度。尽管储能提供了相关服务，但价值在目前尚未体现。

从商业模式来看，初期储能设备供应商与新能源场站企业主要采取合同能源管理模式，通过节约弃光量进行收益分成。而2019年，西北地区率先推出"共享储能"模式（见图3-2），使得储能电站所有者可以从市场化交易和电网直接调用两条途径获得收益。

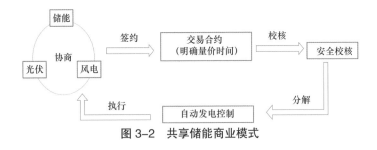

图3-2　共享储能商业模式

1）市场化交易，是指新能源和储能通过双边协商及市场竞价形式，达成包含交易时段、交易电力、电量及交易价格等内容的交易意向。

2）电网直接调用，是指市场化交易未达成且条件允许时，电网按照约定的价格直接对储能进行调用，在电网有接纳空间时释放，以增加新能源电量。

目前这两种模式均已获得西北能源监管局的批准，并写入文件对外发布，为共享储能盈利奠定坚实的政策基础。

3.2.2 典型项目经济性测算

1.青海共享模式下储能项目经济性分析

目前，光储结合的项目主要分布在"三北"地区。现以鲁能海西州共享储能为例进行效益评估与经济性分析。

（1）项目简介。鲁能海西州多能互补示范工程集风电、光伏、光热、储能于一体，是至今世界首个、百兆瓦级储能（50MW/100MWh）配套风电（400MW）、光伏（200MW）、聚光太阳能（50MW）的多能互补项目。其中储能电站由50台标准集装箱和25台35kV箱式变压器组成，每台集装箱由1MW/2MWh的磷酸铁锂电池子单元（包括2台500kW PCS）构成，接入新鲁330kV汇集站，由35kV侧送出。

储能系统主要实现以下4项示范应用功能：

1）平抑出力波动，使风电场总出力波动得到明显改善，最优输出波动小于3%。

2）跟踪计划出力，风电场跟踪计划曲线运行的能力得到较大改善。

3）电网支撑，能够根据调度指令向电网及时输出有功/无功，辅助电网安全稳定运行。

4）削峰填谷，能够在风光限电时段存储电量，在非限电时段上网，获得更多发电收益。

（2）经济性测算方法。储能项目总投资为2.3亿元，为100%自筹。当前市场形势下，该储能系统可能的收益主要有两种形式：

1）调峰带来的收益。按照日均一充一放的充放电策略、年均运行330天、调峰电价为0.7元/kWh进行计算，运行20年。

2）降低考核金额。2017年12月，西北能源监管局根据西北电网实际运行情况发布了《发电厂并网运行管理实施细则》和《并网发电厂辅助服务管理实施细则》（以下简称西北电网新"两个细则"）。西北电网新"两个细则"实施以后，2019年6月青海243个光伏电站平均每个站的考核金额为-44000元左右（罚金），而鲁能多能互补光伏站的考核金额为35000元左右（奖励），这里假设配置储能使得电站月均考核金额改善约79000元。

（3）经济性测算结果。由于储能项目投资收益测算财务模型尚不成熟，没有可参考的标准经济性测算模型，因此采用可再生能源投资项目财务投资模型，根据上述条件搭建相关财务模型，对该项目的经济性进行分析，其中项目投资产生的现金流按7.5%的折现率进行折现。在可再生能源投资领域中，一般财务内含报酬率的基准收益率要求达到8%。根据模型计算的鲁能海西州共享储能项目内含报酬率仅为3.9%，项目财务净现值小于零，从财务角度而言项目本身不具有经济性。但共享模式开启了国内储能项目新的商业模式，具有较强的引领意义。

青海鲁能共享储能经济性测算结果（20年）见表3-3，各年现金流柱状图如图3-3所示。

表3-3　青海鲁能共享储能经济性测算结果（20年）

电站净现值NPV	-4991.7万元	电站现值	—
项目 *IRR*	3.9%	现金总流入	40668.3万元
静态回收期	13.02 年	现金总支出	28365.7万元
动态回收期	14.0 年	利润合计	12302.6万元

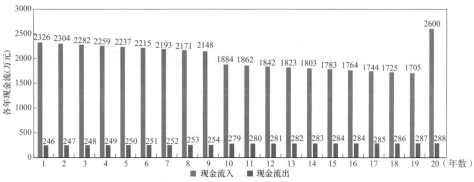

图 3-3　青海鲁能共享储能 20 年经济性测算各年现金流柱状图

（4）经济性测算影响因素分析。仍然以青海鲁能的项目为例，分析储能
项目成本下降、循环寿命、调峰补偿的提升及税费、银行贷款、贷款利率对
项目现金流量表和投资收益的影响。

1）储能成本及循环寿命对项目投资的影响。表3-4给出了储能系统成
本下降及系统循环寿命的提升对项目投资内含报酬率的影响。当电池循环
寿命保持不变，仍为6600次、使用寿命为20年时，随着初始投资成本的
下降，内含报酬率大幅提升，当初始投资成本下降34.78%，初始投资为
1.5亿时，项目内含报酬率达到10.21%，提升了160.5%，超过了基准收益
率，项目具有经济性，根据图3-3给出的现金流量表可知，动态投资回收
期缩短至8年。

另外，循环寿命提升时，对项目内含报酬率也有较大影响。根据模型可
知，当系统寿命提升时，每天可进行超过一次充放电，与平均每天一次充放
电可获得收益相比，收益得到大幅度提升，进而提升项目的经济性。表3-4
中数据显示，当系统寿命提升50%，即系统循环寿命提高至9900次时，初始
投资保持不变，内含报酬率可达12.36%，超过项目投资基准收益率，使项目
在整个运行期间能够获得较高的收益。表3-4中深色填充部分是其内含报酬
率高于8%部分，说明其具有可行性。

表 3-4   成本及寿命变化对项目内含报酬率的影响

寿命提升幅度	系统投资成本（万元）			
	23000	20000	15000	10000
0	3.92%	5.73%	10.21%	19.13%
50%	12.36%	15.97%	25.86%	50.04%
100%	14.58%	17.97%	27.28%	50.54%

2）调峰补偿的提升对项目投资的影响。表 3-5 给出了调峰补偿及成本变化对项目投资内含报酬率的影响，其中当系统初始投资成本仍保持在 2.3 亿，调峰补偿达到 1.0 元/kWh 时，项目投资收益率达到 8.59%，超过了投资内部收益基准利率，项目投资具备可行性；当初始投资达到 2.0 亿，调峰补偿为 0.9 元/kWh 时，项目投资内含报酬率为 9.28%，超过内部收益基准利率，项目投资具备可行性。根据图 3-3 给出的当前条件下项目投资现金流量表，表中显示投资回收期为 9 年。表 3-5 中深色填充部分是其内含报酬率高于 8% 部分，说明其具有可行性。

表 3-5   成本与调峰补偿对内含报酬率的影响

调峰补偿（元/kWh）	系统投资成本（万元）			
	23000	20000	15000	10000
0.7	3.92%	5.73%	10.21%	19.13%
0.8	5.51%	7.52%	12.55%	22.91%
0.9	7.07%	9.28%	14.9%	26.87%
1.0	8.59%	11.01%	17.26%	31.02%

3）税费、融资以及融资利息率对项目收益影响。除了以上几种因素之外，储能项目投资企业运行的经营活动还受运营过程中的不同税费、企业为项目进行的融资比例及融资利息率等的影响。税费中影响较大的主要是增值税和所得税，融资利息率主要受企业信用情况等的影响。税费和融资情况对项目的影响较为复杂。

如果项目60%的资金来源于银行贷款，贷款利率为4.9%时，资本金现金流量表中项目财务净现值为–2498万元，内含报酬率为3.81%。基于此，分析税率和贷款利率变化时对财务净现值和内含报酬率的影响，并判断项目是否具有投资价值，结果见表3-6。

表 3-6　贷款利率和增值税税率对财务净现值的影响　（单位：万元）

增值税税率	贷款利率				
	0	4.90%	6%	6.5%	8%
13%	697	−2498	−3215	−3867	−4523
9%	541	−2654	−3371	−4023	−4679
7%	3547	−2840	−3557	−4209	−4865
6%	286	−2909	−3626	−4278	−4934
0	−888	−4082	−4799	−5451	−6106

由表3-6可知，当采用无息贷款后，项目具有较好的财务净现值，当增值税税率为6%时，财务净现值为286万元；当增值税税率为13%时，财务净现值为697万元。说明当采用无息贷款时，增值税税率大于等于6%时，项目财务净现值为正，方案在满足基准收益率的要求下，企业还能获得超额收益，方案可行。其他条件下项目财务净现值为负，项目不具有可行性。

表 3-7　贷款利率和增值税税率对内含报酬率的影响

增值税税率	贷款利率				
	0	4.90%	6%	7%	8%
13%	8.7%	3.8%	2.9%	2.1%	1.4%
9%	8.4%	3.7%	2.9%	2.1%	1.4%
7%	8.1%	3.6%	2.8%	2.1%	1.4%
6%	8.0%	3.5%	2.7%	2.0%	1.4%
0	6.1%	2.0%	1.2%	0.5%	−0.1%

由表3-7可知，当采用无息贷款后，项目具有较好的内含报酬率，当增值税税率为6%时，内含报酬率为8%；当增值税税率为13%时，财务内含报酬率为8.7%。说明当采用无息贷款，增值税税率大于等于6%时，项目收益超过了基准收益率，方案可行。其他条件下项目内含报酬率低于8%，项目不具有可行性。

另外通过表3-6及表3-7发现，当采用统一贷款利率时，较高的增值税税率往往有较高的财务净现值，主要是增值税销项产生的销项额抵扣引起净现金流量的变化。

由表3-8可知，当采用无息贷款且增值税税率为13%时，项目具有较好的财务净现值。当所得税税率为0时，财务净现值为1904万元，当所得税为25%时，财务净现值为697万元。说明当采用无息贷款时，无论采用哪一所得税税率，项目具有正的财务净现值，方案在满足基准收益率的要求下，企业还能获得超额收益，方案可行。其他条件下项目财务净现值为负，项目不具有可行性。

表3-8　贷款利率和增值税税率对财务净现值的影响　（单位：万元）

所得税税率	贷款利率变化幅度				
	0	4.90%	6%	7%	8%
25%	697	−2498	−3215	−3867	−4523
20%	938	−2339	−3075	−3744	−4417
15%	1180	−2181	−2935	−3621	−4310
0	1904	−1705	−2516	−3252	−3992

表3-9　贷款利率和增值税税率对内含报酬率的影响

所得税税率	贷款利率变化幅度				
	0	4.9%	6%	7%	8%
25%	8.7%	3.8%	2.9%	2.1%	1.4%
20%	9.1%	4.1%	3.1%	2.4%	1.6%
15%	9.5%	4.3%	3.4%	2.6%	1.8%
0	10.7%	5.1%	4.0%	3.2%	2.3%

同样由表3-9可知,当采用无息贷款且增值税为13%时,项目具有较好的内含报酬率。当所得税税率为0时,此时内含报酬率为10.7%;当所得税税率为25%时,财务内含报酬率为8.7%。说明采用无息贷款,当所得税税率大于等于0时,项目收益超过了基准收益率,方案可行。其他条件下项目内含报酬率低于8%,项目不具有可行性。

另外通过表3-8及表3-9可知,当采用统一贷款利率及增值税税率时,较低的所得税税率往往具有较高的财务净现值与较高的内含报酬率。

2.新疆光储模式下储能项目经济性分析

除青海外,国内其他地区也出台了支持可再生能源配置储能的政策,支持大型可再生能源电站按一定比例配置储能项目。其中在2019年2月19日,新疆维吾尔自治区发展改革委印发《关于在全疆开展发电侧储能电站建设试点的通知》,强调要鼓励光伏电站合理配置储能系统,储能电站原则上按照光伏电站装机容量20%配置。配置储能电站的光伏项目,原则上可增加100h计划电量。

(1)项目简介。以15MW/30MWh磷酸铁锂电池储能系统为典型案例,该系统接入光伏电站,按照新疆政策的要求,针对一个100MW集中式光伏电站按照15%的装机容量比例以及2h时长,搭配15MW/30MWh锂离子电池储能电站。从初始投资成本来看,整个储能项目总投资由电池、PCS、20个储能预制集装箱、配电设施与线缆等系统层面成本,以及工程建设费用构成,总投资7869万元,具体构成如图3-4所示。

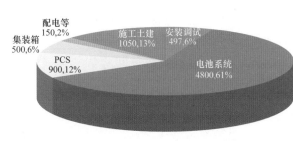

100MW光伏电站配置15MW/30MWh锂电储能(设备价格参照电网侧储能项目招标价格):
电池系统单价(含BMS,支架,电池簇间连接线):1600元/kWh
配电设备单价(含消防,照明通风,线缆等):100元/kW
PCS单价:600元/kW
集装箱单价(1.2MWh):20万元
施工土建单价(含运输):350元/kWh
安装调试:497万元,约为总投资6%

图3-4 新疆集中式光伏储能电站成本构成

从运维成本来看，由于大部分新疆光伏电站地理位置偏远，且温度环境变化较大，因此可以预估储能系统的运维费用较高，这里取初始投资成本的2%，即158万元/年。

（2）收益分析。储能可以在弃光时段储存光伏系统所发电能，并在其他时段放出，储能电站的收益情况如下：

1）增发电量收益：按现有政策，储能试点光伏电站每年可以多发10000MWh电量，上网电价按0.95元/kWh，收益为950万元。

2）削峰填谷收益：根据储能电池的系统充放电效率及放电深度测算，按照每日一充一放、年充放300天进行计算，每年的放电电量为：

$$E=30 \times 90\% \times 90\% \times 300=729 万 kWh$$

因此，储能系统平均每年上网电量约为729万kWh，以0.7元/kWh补贴估算收益分成，收益为510万元。

结合项目成本和运行收益情况，计算得到新疆光伏电站储能系统的年运行实际总收益为1460万元，按照7.5%的基准收益率，动态回收期为6.83年，内含报酬率为9.56%。

虽然《关于在全疆开展发电侧储能电站建设试点的通知》中允许配置储能电站的光伏项目，原则上可增加100h的计划电量，但收益是否纳入储能项目中仍然存在较大争议，相比鲁能集团共享储能模式，新疆给予较高的调峰电价，在一定程度增加了电站的收益。新疆光伏电站储能项目15年经济性测算结果见表3-10，各年现金流柱状图如图3-5所示。

表 3-10 新疆光伏电站储能项目 15 年经济性测算结果

电站净现值	2536.22万元	电站现值	—
项目 *IRR*	9.56%	现金总流入	21900万元
静态回收期	6.32年	现金总支出	2902.5万元
动态回收期	6.83年	利润合计	18997.5万元

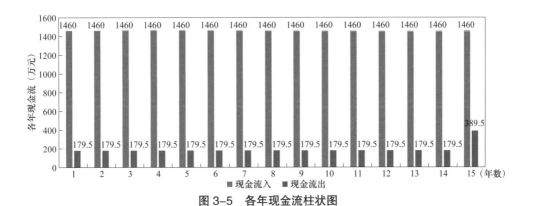

图 3-5　各年现金流柱状图

3.风电储能电站收益分析

在大型风电场配置储能系统可以充分利用储能系统动态吸收能量并适时释放的特点，弥补风电的间歇性、波动性缺点，改善风电场输出功率的可控性，提升稳定水平。此外，储能系统的合理配置还能有效增强风电机组的低电压穿越能力，增大电力系统的风电穿透功率极限，改善电能质量及优化系统经济性。储能系统的接入还能够帮助电网系统降低风电并网冲击，在不新增容量的情况下可提高风电上网电量。

基于此，国电和风风电开发有限公司北镇分公司于2014年安装了不同技术类型的先进储能系统，与风电发电机组容量相匹配，利用高效储能装置及其配套设备，实现充放电状态的迅速切换、风电输出质量的提高以及弃风量的减少，和风北镇风电场储能项目也成为国内风电储能领域的典型项目案例。2019年9月30日，黄河上游水电开发有限公司在位于共和、乌兰两地450MW和100MW的风电场分别配置了储能项目并投运，分别配置了45MW/90MWh和10MW/20MWh电池储能系统。

（1）项目简介。2019年9月30日，黄河上游水电开发公司在乌兰的100MW风电场配套储能项目正式建成。项目位于青海省乌兰县茶卡地区，场址西侧为茶卡盐湖。储能系统共由4套储能单元组成，配置总容量为10MW/20MWh,项目采用磷酸铁锂电池，储能系统由阳光电源提供，项目总投资4000万元，其中固定资产投入3248.96万元，项目运行15年，电池年均使用365天，平均一天一次充放电，15年后电池剩余容量为初始容量的80%，按直线法进行折旧，电池残值为5%。

储能单元与风机变流器并联接入风机箱式变压器低压侧。风电场设置能量管理控制系统，用于集中管理风机和储能单元，根据风功率预测系统、AGC/AVC系统、风机实时出力、储能单元荷电状态等信息，向风机监控系统和储能监控系统下达指令，控制风机和储能系统出力。各储能单元接到控制指令后，结合对应风机的实时出力，就地吸收和释放能量。在满足风机变压器不过载条件下，达到就地平衡，减少输电线路损耗。

储能系统接入风电场接入方式示意图见图3-6。

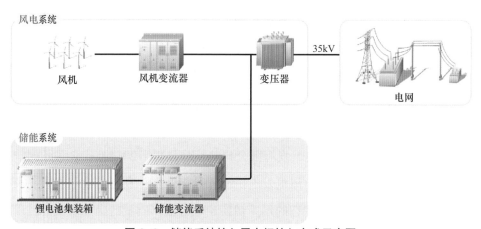

图 3-6 储能系统接入风电场接入方式示意图

乌兰风电场的储能系统在常规风力发电运行基础上，主要实现以下4项示范应用功能：

1）平抑出力波动：使风电场总出力波动得到明显改善，最优输出波动小于3%；

2）跟踪计划出力：风电场跟踪计划曲线运行的能力得到较大改善；

3）电网支撑：能够根据调度指令向电网及时输出有功/无功，辅助电网安全稳定运行；

4）削峰填谷：能够在弃风限电时段存储少量电量，在非限电时段上网，获得更多发电收益。

（2）经济性测算方法。乌兰风电电站储能系统的收益主要有两种形式：

1）增发电量。调研项目所在地属Ⅳ类资源区，不含储能项目发电正常年年均限电10%。增加储能后，在最理想状况下，每年发生限电365次，考虑每次弃风时储能充放电1次（储能系统综合转换效率85%），预计年增加发电量 $Q_{增发}$ 为131.4万kWh。

$$Q_{增发}=20\text{MWh} \times 365 \times 85\% = 620.5 \text{万kWh}$$

假设每年增发电量相同，储能系统年均带来的增发经济收益 $R_{增发}$ 为（含税）：

$$R_{增发}=Q_{增发} \times 0.6元/\text{kWh}=372.3 \text{万元}$$

2）降低考核带来的补偿收益。风电场借助储能系统调整出力以跟踪计划曲线，尽可能消除预测偏差，降低风电场考核风险；另外储能系统极大地提高了机组的AGC调节性能指标与AGC补偿收益，进一步减小考核成本，增加电站的收入。但受储能容量及风功率预测系统自身准确率的影响，此部分收益还难以得到有效评估，且总体收益较少。

通过搭建财务模型对项目的经济性进行了评估，项目完全采用自有资金投入，基准收益率为7.5%。项目投资净现值为负数，项目内部收益0.86%，项目收益差，税后回收期14.1年，回收期长。在当前的收益不佳的条件下，如果储能项目由新能源场站业主直接投资，无疑在一定程度上加重可再生能源场站业主的投资压力。乌兰100MW风电场配套储能项目的15年经济性测算结果见表3-11，各年现金流柱状图如图3-7所示。

表3-11 乌兰100MW风电场配套储能项目的15年经济性测算结果

电站净现值	−1092万元	电站现值	—
项目 *IRR*	0.86%	现金总流入	5779万元

续表

静态回收期	13.2	现金总支出	5360万元
动态回收期	14.1	利润合计	419万元

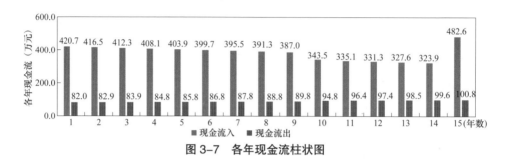

图3-7　各年现金流柱状图

3.3　电网侧储能收益分析

受政策影响，目前电网侧储能收益模式不清，成本难以疏导。

3.3.1　电网侧储能相关政策

传统的观点多根据储能接入电力系统的物理位置的不同界定储能的分类，将储能划分为电源侧、用户侧和电网侧储能。即电源侧、用户侧储能是指安装在发电厂或用户侧与电网结算的计量关口表后，与发电机、用户负荷联合使用，以发电厂或用户的身份与电网结算的储能；电网侧储能则是指接入输电网或配电网、介于发电厂和用户侧与电网结算的计量关口表之间、接受调度机构统一调度、独立参与电网调节的储能。

本书认为，应从储能的功能角度出发，打破物理资产属性的限制，只要接受统一调度、发挥全局性、系统性作用的储能都应纳入电网侧储能的范畴，这样有利于形成开放竞争的电网侧储能市场。电源侧、用户侧储能若能独立接入电网并参与电网调节，也纳入电网侧储能范畴，开展商业运营及调度管理，以激励更多的储能装置发挥系统效益。

目前国际上由输配系统运营商所有和运营的储能项目很少，目前中关村储能产业技术联盟的统计口径是将建设在变电站中的电网规模储能项目，以及明确是用于延缓输配电资产投资的储能项目划分到这一类项目中。

国内电网侧储能项目规模化部署于2018年正式起步，江苏、河南、湖南等地都落实了232MW储能项目建设，加上规划建设中的电网侧储能规模，总计近862MW。与国外较为开放的电力市场相比，我国储能项目商业运营模式较为有限，特别是电网侧储能项目商业运营模式仍受政策和市场的双重制约。目前，国内电网侧储能项目大多引入第三方主体作为项目投资方，负责项目整体建设和运营，储能系统集成商和电池厂商参与提供电池系统，电网企业提供场地并与第三方签订协议，协议明确定期付费标准或按收益分成方式付费。但仅从电网企业投入角度来看，此类项目多为电网安全稳定运行提供服务，缓解高峰电力运行压力，解决区域可再生能源消纳问题，或计划可调用此类储能资源参与辅助服务市场并获取价值增值。

国内电网侧储能项目由电网确定第三方公司（系统内企业）作为项目总包方负责项目建设投资，投资方按项目投资回收期与电网企业签订租赁协议，并指定项目投资收益率；项目投资方还可与电网公司确定收益分成方式，即在协议下依项目实际运营收益进行利益分享。作为投资方和建设方，第三方公司可对储能电池、储能变流器设备等进行招标采购，并确定供应商。为缓解电网投资建设压力，部分电网侧储能项目开展电池租赁招标多标包公开竞谈，对电池、智辅系统、预制舱成套设备采用租赁方式落实项目部署。为确保项目质量，电池厂家均需提供质保，普遍明确电池厂家需在租赁期内（如10年）保证电池正常运行。

在运营方面，电网侧储能电站接受电网调度指令，可在局部故障时提供功率支撑，实现削峰填谷。系统主要在低谷时段充电、高峰时段放电，可以实现快速响应，这些储能系统已示范参与了地区需求响应、调频辅助服务，未来还将探索大规模储能参与电力系统各类辅助服务的可能性，并结合区域可再生能源开发利用情况，实现储能参与的可再生能源稳定输出和合理消纳。

具体来看，各地方典型电网侧储能商业模式如下：

1. 江苏

江苏电网侧储能项目主要由国网江苏省电力公司确定第三方公司（国家电网公司系统内企业——许继集团有限公司、山东电工电气集团有限公司和国网江苏综合能源服务有限公司）作为项目总包方负责项目建设投资，并与之签订8年、收益率为6%~7%的经营性租赁合同，国网江苏省电力公司获得储能系统的使用权。投资方（许继集团有限公司、山东电工电气集团有限公司和江苏国网综合能源服务有限公司）对储能设备等进行招标采购，确定供应商并按照一定的支付比例分期向储能设备供应商支付。国网江苏省电力调用储能系统为电网提供服务，国网江苏综合能源服务有限公司获得租金收益，该储能系统还试点参与了调频辅助服务市场，但尚未获取实际收益，故电网企业投入成本尚无回收渠道。

2. 湖南

湖南长沙电网侧储能项目主要以国网湖南综合能源服务有限公司为项目投资和建设单位，采用"8+2"经营性租赁模式，国网湖南综合能源服务有限公司租用电池厂家的储能设备供电网使用。项目主要用于平抑风电、光伏等间歇性能源的波动、提高供电可靠性、削峰填谷、提高电能质量和提高电压调节能力，系统尚未参与辅助服务市场。

3. 河南

河南电网侧储能项目由平高集团有限公司投资建设，河南省电力公司与平高集团有限公司以合同能源管理运营项目，储能系统主要为电力系统提供服务。目前，项目参与了河南省电网的电力需求响应，未来还将实现电网调峰、电网调频、电网备用的功能价值。

4. 广东

中国南方电网有限责任公司深圳宝清电池储能项目的投资和建设单位为南方电网调峰调频发电有限公司，建设一期投运的4MW/16MWh储能系统和二期投运的2MW/2MWh储能系统分别按照0%收益率、3%收益率租赁给深圳供电局使用，主要用于配网侧削峰填谷，电网租赁成本投入尚无回收渠道。深圳潭头变电站储能项目的投资和建设单位为深圳南方和顺电动汽车产业服务有限公司，项目规模为5MW/10MWh。深圳供电局租用储能系统，向项目投资方支付租金，收益率约7%，储能系统主要发挥削峰填谷、备用电源、缓解区域迎峰度夏期间供电压力、降低主变压器负载率、延缓电网投资等用途。

目前，国家和地方层面尚没有针对电网侧储能电站的管理办法，也缺少针对电网侧储能项目的考核和激励机制，市场和政策两个层面尚难以对电网侧储能项目予以支持，现有机制下的自主运营商业模式较难搭建。我国电网侧储能项目商业模式较为单一，电网公司仅采用租赁形式获得了项目的使用权，但项目收益渠道仍未明确，电网企业投资收益也难以得到保障。而决定我国电网侧储能收益模式的关键前提，是要明确电网侧储能对传统输配电投资的替代价值和收益水平。

与国外较为开放的电力市场相比，我国储能项目商业运营模式较为有限，特别是电网侧储能项目应用模式仍面临政策和市场的双重挑战，在仅为系统内提供服务，且储能无法通过监管机制纳入输配电资产的前提下，电网投资成本并无出口。目前，电网侧储能项目可利用可再生能源交易或参与辅助服务市场获取价值增值，但在现有辅助服务市场机制不健全的情况下（价格未完全向用户侧传导），电网企业自调储能系统参与服务并获取发电企业补偿支付的方式并不合理，且市场参与的公平性较难体现。目前，仅江苏储能项目试验参与了调频服务，但尚未获取实际收益。

3.3.2 经济性分析

鉴于目前电网投资项目并无明确的收益回收途径，不具备经济性分析条件，这部分仿照海外储能项目的多重收益模式，基于独立储能电站参与电网侧服务的若干假设条件进行分析，具体见3.7节。

3.4 电源侧调频配套储能收益分析

在我国，大量的燃煤电厂参与了电力系统的频率调节。但大部分火电厂运行在非额定负荷以及做变功率输出时，效率并不高，并且由于调频需求而频繁的调整输出功率，会加大对机组的磨损，影响机组寿命。因此，火电机组并不完全适合提供调频服务，如果储能设备与火电机组相结合共同提供调频服务，可以提高火电机组运行效率，大大降低碳排放。另外，储能设备双向充放电的特点使其具备本身容量2倍的调节能力，例如1MW的储能设备在放电和充电时可分别上调和下调系统频率1MW，从而调节能力为2MW。因此，储能设备非常适合提供调频服务。本小节主要研究储能在调频辅助服务领域应用商业模式及其经济性，并对典型项目的投资回报等进行测算。

3.4.1 电源侧调频配套储能相关政策

2020年以来，国内多个省市和地区发布了电力辅助服务市场建设方案和运营规则，这些规则的调整与地方能源发展形势和电力体制改革深化工作挂钩，进一步促进了电力辅助服务市场健康有序的发展，也为储能等新技术及新市场主体参与电力市场提供了平台。

从应用方式看，现有辅助服务市场建设方案和运营规则是电力体制改革工作的一部分，并非专为储能设计，但现阶段各地方辅助服务市场基本肯定了储能参与电力市场的身份。在市场化改革的过渡阶段，华北区域京津唐电网率先在"两个细则"下推动火电储能联合调频模式，山西和蒙西电网成为储能重点应用市场。随后在南方区域中，在广东调频辅助服务市场规则引导下，广东省内储能调频项目也开始迅速部署，并且推行按效果付费机制，相关细则见表3-12。

从规则对储能应用的作用来看，山西、广东、蒙西调频规则应用效果显著。在区域电网"两个细则"的影响下，山西继续执行按调频里程和调频性能补偿机制，在需求和机制的推动下，山西省内签订了十余个储能火电联合调频的商业项目，京玉电厂、阳光电厂等储能调频项目已顺利投运，整个机组调频性能提升幅度超过300%。

广东省在调频市场启动前执行了南方区域"两个细则"，该细则基于调频偏差电量作为调频补偿的依据，一直未有储能系统参与应用。在新设计的广东调频市场规则中，合理地借鉴了华北调频补偿机制以及美国PJM的市场规则，即放弃原有依电量结算的方式，采用按照调节里程加调节性能计算补偿的方式，极大地促进了储能进入广东调频市场，现已有近20个规划建设项目开展部署。

在蒙西，储能参与调频辅助服务规则不断调整。2019年6月，华北能源监管局发布蒙西电网火电"两个细则"修订征求意见稿，主要对AGC调节性能补偿系数进行了修订，修订后补偿系数减少一半，对应储能调频效益相应减少。与此同时，华北能源监管局曾设计了针对蒙西AGC调频市场的《蒙西电力市场调频辅助服务交易实施细则（征求意见稿）》，相应补偿按照调节性能、调节深度和调频市场出清价格进行计算。目前，蒙西市场中也仍有多个储能调频项目部署。2020年6月，华北能源监管局在《蒙西电力市场调频辅助服务交易实施细则（试行）》（华北能监市场〔2020〕260号）中规定同时参与调频市场和现货电能量市场的市场主体，可获得调频容量及调频里程补偿。这对于调频项目收益有直接影响。

从储能可参与辅助服务的类别来看，现阶段，电化学储能可在按里程和性能付费的调频辅助服务领域获得合理收益并体现技术应用价值，而在其他辅助服务如调峰、备用等领域尚未实现商业化应用，储能应用场景也较为有限。

表 3-12　重点地区储能辅助服务调频补偿细则要点汇总

序号	政策名称	发布时间	发布机构	政策要点	影响分析	影响程度评价
1	《关于修订山东电力辅助服务市场 运营规则（试行）的通知》（鲁监能市场规〔2020〕110号）	2019年11月	国家能源局山东监管局	调频方面，试运行初期设置AGC出清价最高上限，暂按6元/MW执行	K_1最高限值1.2	一般重要
2	《关于鼓励电储能参与山西省调峰调频辅助服务有关事项的通知》（晋监能市场〔2017〕156号）	2017年10月	国家能源局山西监管局	独立参与调频的电储能设施额定功率应达到15MW及以上，持续充放电时间达到15min以上。调频由综合调频性能 K_p 来评价。而 K_p 又由调节速率指标、调节精度指标、响应时间指标决定。$K_p=K_1K_2K_3$。机组提供调频辅助服务后，其补偿费用由市场出清价（结算价）、性能指标、调节深度决定，计算公式为：$R_i = D_i K_i^{pd} C_i$。其中：R_i 为机组 i 全天的调频收入，D_i 为机组 i 全天的调节深度，$D_i = \sum_j^n D_i^j$，为机组 i 每次调节深度，每次AGC调节的调节深度（功率变化幅度的绝对值），单位MW。n 为机组 i 全天的总调节次数，C_i 为机组 i 竞价日的调频报价。调频市场服务报价范围调整为5~10元/MW	对独立参与辅助服务市场的储能容量进行了规定，且调频市场报价由原先设定的12~20元/MW，降低至5~10元/MW，但山西调频辅助服务市场仍为国内储能重点关注市场之一	重要

续表

序号	政策名称	发布时间	发布机构	政策要点	影响分析	影响程度评价
3	《蒙西电力市场调频辅助服务交易实施细则（试行）》（华北监能市场〔2020〕260号）	2020年6月	华北能源监管局	同时参与调频市场和现货电能量市场的市场主体，可获得调频容量及调频里程补偿。申报调频里程价格最小单位为0.1元/MW，申报价格范围暂定为6~15元/MW，申报调频容量最小单位是1MW。调频容量补偿：中标的AGC单元容量补偿按日统计，按月结算，AGC单元日容量补偿为单元i在交易时段t内的中标容量与调频容量补偿价格的乘积，市场初期价格暂定为60元/MW；调频里程补偿按日统计，按月结算，调频里程补偿为调节里程、综合调节性能和调频里程出清价格的乘积	继续执行按效果付费，并对同时参与调频市场和现货电能量市场的主体，给予调频容量补偿和调频里程补偿，里程补偿申报价格为6~15元/MW。在此市场规则下，火电储能配套依旧可以获得相对理想的价值回报	重要

3.4.2 典型项目经济性测算

以山西京玉电厂火电储能联合调频项目为例介绍经济性测算方法及结果。

1.项目简介

京玉电厂机组为循环流化床机组，通过与储能的联合，极大提升机组整体的调频性能，为山西电网提供更优质的调频辅助服务。项目总投资5600

万元，在2015年11月由北京睿能世纪科技有限公司投资运营，合作方还包括京能集团、三星SDI、ABB等企业。项目整体系统配置包括9MW/4.5MWh三元锂离子电池储能系统、三组PCS逆变器装置、冷却系统和控制柜等外围装置。

2.经济性测算方法

火储调频经济性测算依据见表3-13。

表3-13　火储调频经济性测算依据

技术参数	投资参数	模式参数	税率参数
项目配置容量10MW/5MWh（有效容量9MW/4.5MWh）	总投资额2800万元（按照2019年调频锂电池储能系统价格5600元/kWh测算）	K_p值4.35	设备增值税13%
充放电深度90%	融资比例50%	日均调节深度865MW	服务增值税9%（工程建设）
电池年衰减率2%	贷款利率7%	调频市场报价范围6~10元，设定为下限6元	营业税及附加3%
系统综合效率86%	还款年限5年	储能与火电厂分成比例为8:2	所得税15%（高新企业）

3.经济性测算结果

根据本节计算所得的火储联合参与AGC调频的应用收益，得到储能联合火电机组用于调频的动态回收期为6.45年。山西京玉电厂火储调频项目的10年经济性测算结果见表3-14，各年现金流柱状图如图3-8所示。

表3-14　山西京玉电厂火储调频项目10年经济性测算结果

电站净现值	1,099.22万元	电站现值	—
项目*IRR*	18.29%	现金总流入	5949.70万元
静态回收期	5.94	现金总支出	3934.84万元
动态回收期	6.45	利润合计	3414.86万元

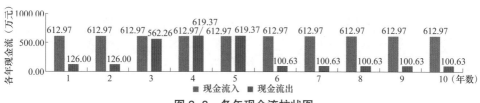

图 3-8　各年现金流柱状图

4.经济性测算影响因素分析

（1）技术成本因素对于收益的影响。调频储能系统的成本对项目收益显然有着重大的影响，如果储能系统成本可以在目前的基础上下降10%，项目动态回收期就可以达到5.62年，具体见表3-15。

表 3-15　成本下降对收益的影响

项目成本下降幅度	0%	−10%	−20%	−30%	−40%
动态回收期（年）	6.45	5.62	4.02	2.21	1.73
IRR（%）	18.29	23.57	30.11	38.49	49.60
NPV（元）	1099.22	1392.53	1685.83	1979.14	2272.45

（2）非技术成本因素对于收益的影响。除了储能系统的成本，项目所执行的税收制度也会对收益情况产生影响，以项目所涉及的增值税和企业所得税为例，税率会对项目收益有所影响，但增值税抵扣的存在及项目初期偿还贷款（设定为5年偿还）导致的现金流为负，也即项目初期5年无需缴纳所得税，税率变化对项目收益影响不显著。税率变化对动态回收期的影响见表3-16。

表 3-16　税率变化对动态回收期的影响

所得税率变化	增值税率变化（基准为13%）					
	−0%	−10%	−20%	−30%	−40%	−50%
25%（一般情况）	6.45	6.40	6.35	6.30	6.26	6.21

续表

所得税率变化	增值税率变化（基准为13%）					
	−0%	−10%	−20%	−30%	−40%	−50%
20%	6.45	6.40	6.35	6.30	6.26	6.21
15%（高新企业）	6.45	6.40	6.35	6.30	6.26	6.21
5%	6.45	6.40	6.35	6.30	6.26	6.21
0（免征）	6.45	6.40	6.35	6.30	6.26	6.21

项目的融资情况也会对收益产生影响，贷款比例和利率的变化，对动态回收期的影响见表3-17。

表3-17　贷款比例和利率变化对动态回收期的影响

贷款比例变化	贷款利率变化（设定基准为7%）				
	9%	8%	7%	6%	5%
50%	6.71	6.58	6.45	6.32	6.20
40%	6.62	6.52	6.42	6.31	6.21
30%	6.53	6.46	6.38	6.30	6.23
20%	6.45	6.40	6.34	6.29	6.24

（3）运营模式因素对于收益的影响。山西调频市场报价原先设定为12~20元/MW，2017年降低至6~10元/MW。调频补偿价格的下降是京玉火储调频项目2017年之后经济回报下降的主要因素。目前项目唯一收益来源是调频里程补偿。今后如果能引入调频容量补偿机制（如蒙西2020年6月细则，见表3-19），则项目经济性可以得到提高。补偿价格和补偿深度对动态回收期的影响见表3-18，引入容量补偿价格对动态回收期的影响见表3-19。

表 3-18　补偿价格和补偿深度对动态回收期的影响

日均补偿里程	补偿价格下降	
	6元（按6~10元下限计算）	12元（按12~20元下限计算）
865MW	6.45	1.34

表 3-19　引入容量补偿价格对动态回收期的影响

是/否引入容量补偿（60元/MW）*	目前里程补偿价格
	6元（按6~10元下限计算）
是	6.22
否	6.45

注　*根据蒙西地区细则，容量补偿按日统计，初期暂定为60元/MW。

3.5　工商业配套储能收益分析

工商业配套储能系统可以通过峰谷差价套利以节省电费开支，参与需求响应获取补贴奖励，管理系统容量，节省容量电费等多重应用价值。这些都属于储能系统的直接商业价值，有具体的电价政策指引。另外，间接的商业价值还包括：储能可用作备用电源，减少停电损失、提高电能质量等。

由于目前国内用户侧储能项目多集中在工商业领域，因此本书将针对工商业领域储能项目的收益和经济性进行分析与评价。

3.5.1　工商业配套储能相关政策

在峰谷分时电价机制下，用户利用储能系统在低谷电价时段充电、在高峰电价时段放电，可实现峰谷差套利，降低用电成本，这是目前用户侧储能的主要盈利模式。

我国工商业用户执行分时电价政策，2016年以来中国储能市场发展重点围绕工商业应用场景寻求商业化突破。储能企业在经济条件较好的地区密集推进商业示范项目的部署开发。其中，江苏、广东、浙江等地经济条件好、项目实施阻力较小，工业峰谷电价差普遍在0.7元左右，且有较多的储能电池企业在此类地区生产经营，具有一定的用户资源。北京则是全国商业峰谷电价差最大的城市之一（约1.1元/kWh），以服务业用电为主的城市地区，在城市运行保障和空气污染治理双重压力下，以解决安全稳定运行和可再生能源进京为出发点建设的储能项目更多在用户侧体现。

3.5.2 典型项目经济性测算

1.项目简介

以北京地区蓝景丽家储能项目为例，蓝景丽家商业综合体储能项目于2017年1月开始建设，同年5月接入400V低压侧母线，已完成一期500kW/2.5MWh储能系统安装并投入运行。项目投资方为浙江南都电源动力股份有限公司。总投资600万元。这里采用2019年的铅碳电池市场价格水平重新计算成本，总投资约为500万元（考虑铅碳电池充放电深度为60%）。

2.经济性测算依据

北京一般工商业用户不涉及基本电费缴纳，故只需在仅有的峰谷电价收益下计算项目经济性。蓝景丽家商业综合体工商业储能经济测算依据见表3-20。

表 3-20 蓝景丽家商业综合体工商业储能经济测算依据

技术参数	投资参数	模式参数	税率参数
项目配置容量500/0.4167MWh（有效容量0.5MW/2.5MWh）	总投资额500万元（按照2019铅碳电池价格估算）	充放电模式日均1充2放	设备增值税13%
充放电深度60%	融资比例50%（5年还清）	年运行时间300天（夏季75天）	服务增值税9%（工程建设）
电池年衰减率2%		高峰低谷价差1.01元	税金及附加
系统综合效率86%		年运维成本4.61万元	企业所得税15%（高新企业）

3. 经济性测算结果

根据本节计算所得的工商业储能应用收益，得到动态回收期为5.64年。蓝景丽家商业综合体工商业储能10年经济性具体测算结果见表3-21。各年现金流柱状图如图3-9所示。

表 3-21　蓝景丽家商业综合体工商业储能 10 年经济性具体测算结果

电站净现值	252.47万元	电站现值	—
项目 *IRR*	19.98%	现金总流入	1089.16万元
静态回收期	4.90	现金总支出	636.47万元
动态回收期	5.64	利润合计	702.69万元

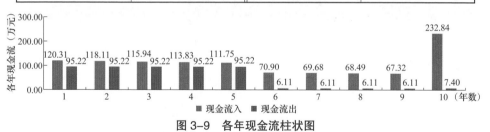

图 3-9　各年现金流柱状图

4. 经济性测算影响因素分析

（1）技术成本因素对于收益的影响。项目采用铅碳电池技术，虽然单位价格相对锂离子电池更低，但充放电深度目仅为60%（铅碳电池充放电深度目前较好的可以达到60%，与锂离子电池可达90%相比差距较明显），价格优势并不明显。若采用锂离子电池，则充放电深度可以做到90%，系统单位价格约为1800元/kWh，总投资500万元，与铅碳电池持平。且随着未来成本下降，经济性还可以提升，具体可见表3-22。

（2）非技术成本因素对于收益的影响。因增值税抵扣的存在，以及项目初期偿还贷款（设定为5年偿还）导致的现金流为负，也即项目初期5年无需缴纳所得税，税率变化对项目收益影响不大，具体见表3-23。

表 3-22　采用锂离子电池对收益的影响

锂离子电池成本下降幅度	0%	−10%	−20%	−30%	−40%
锂离子电池单价（元/kWh）	1800	1620	1440	1260	1080
动态回收期（年）	5.64	4.50	3.44	2.68	2.07
IRR（%）	19.98	23.75	29.71	37.41	47.88
NPV（万元）	252.47	264.20	308.54	352.58	396.59

表 3-23　税率变化对调频收益的影响

所得税率变化	增值税率变化（基准为13%）					
	0%	−10%	−20%	−30%	−40%	−50%
25%（一般情况）	5.64%	5.64%	5.63%	5.63%	5.62%	5.61%
20%	5.64%	5.64%	5.63%	5.63%	5.62%	5.61%
15%（高新企业）	5.64%	5.64%	5.63%	5.63%	5.62%	5.61%
5%	5.64%	5.64%	5.63%	5.63%	5.62%	5.61%
0（免征）	5.64%	5.64%	5.63%	5.63%	5.62%	5.61%

项目全部为自筹资金，若考虑融资，则会对收益造成影响，具体见表3-24。

表 3-24　贷款比例和利率变化对调频收益的影响

贷款比例变化	贷款利率变化（设定基准为7%）				
	9%	8%	7%	6%	5%
50%	5.92%	5.78%	5.64%	5.50%	5.37%
40%	5.83%	5.72%	5.61%	5.50%	5.37%
30%	5.74%	5.66%	5.58%	5.49%	5.36%
20%	5.66%	5.60%	5.54%	5.49%	5.35%
0（自主投资）	5.48%	5.48%	5.48%	5.48%	5.35%

3.6 5G基站储能备用电源收益分析

随着全球范围内5G时代的开始，基站迎来大范围铺设和应用，通信基站对于储能需求增加。通信电源系统是通信系统的心脏，通信电源是整个通信网络的关键基础设施。5G基站耗能相对较高，储能安装需求提升。通信基站小型化、集成化的趋势对通信备份电源功能（环境适应性、能量密度等）提出了更高的要求。

3.6.1 传统基站备用电源收益分析

基站配套储能主要做备用电源，且目前基站备用电源主要采用48V/50Ah、48V/100Ah、48V/300Ah、48V/500Ah。配套储能系统规模较小、寿命一般要求500次左右，难以满足现有电力储能场景对使用寿命的要求，不具备相应电力储能的功能，其主要价值是为基站应急供电。

3.6.2 未来基站备用电源收益发展方向

进入5G时代后，5G与4G相比需要的基站数呈几何倍数增长，将直接带动基站备用电源对电池的需求量。按照5G C-band单站功耗2700W、应急时长4h来计算，市场至少存在155GWh电池的容纳空间。作为备用电源，其大部分时间处于浮充状态或闲置状态，在一定程度上造成资源浪费。未来随着5G基站建设规模的不断扩大，可以通过一些技术将这些灵活性资源聚合起来形成虚拟电厂，供电网调度使用，实现调频、调峰等作用，最大化备用电源的价值。

另外，随着智慧城市建设的加速，城市用能将更加清洁，5G基站备用电源可与城市清洁照明系统结合，存储白天光伏发电系统所发出的清洁电力，晚上供城市路灯使用。节省城市夜间高峰耗电，并增加清洁电力利用率，最大限度地发挥备用电源的价值。

3.7 场景叠加储能系统收益分析

储能作为灵活性调节技术可以实现电力系统中的多重应用，例如：安装在发电侧得储能可以使系统降低对发电机组的容量需求，同时也降低输电线路的建设规模，而传统的方法则需要在发电侧和输配侧分别进行发电容量和输电线路投资。这些应用服务都会产生一定的社会收益，受益方范围包括投资方、电网公司、集成方、开发方、产权甲方和社会。电网侧储能项目能够提供的这些服务收益会经历重复计算，也会有服务的互斥性，即在参与某一项服务时无法参与其他服务。因此，某些服务收益不能合并在一起，不能为社会带来累加的净收益。在计算社会收益时需要考虑这服务之间的关系。

3.7.1 场景叠加方法（协同矩阵）

目前针对电力不同应用领域得效益叠加并没有特别成熟的研究方法，主要有以下原因：

（1）技术原因。某些储能技术的特性决定了其难以适应电力系统某些应用场景，比如电化学储能频繁深度放电会降低寿命，所以不适用于深度调峰的场景；再如抽水蓄能和压缩空气技术的响应时间与其他技术相比较慢，因而不适用于对响应速度要求较高的场景（如改善电能质量）等。

（2）运行特性限制。运行特性指电力系统调用不同应用的时间吻合度情况，即正在进行某种电力系统应用的储能技术难以实现不同技术特性需求的另一种应用，具有代表性的一个例子就是调频，由于其几乎处于随时要准备好被调用的状态，所以参与调频的储能技术很难再被其他应用所调用。

（3）利益相关方。电力系统灵活性资源的受益方可能是终端电力用户、发电商或电网公司中的一个或多个实体，实现不同应用的效益叠加需要协调不同的利益相关方。此外，市场准入条件、技术标准和市场价格的因素也会影响效益叠加。

在本节的分析中，参考美国桑迪亚国家实验室（Sandia National Laboratory）对储能应用的划分，将所有的储能用途按不同应用对象分为了5组共14种应用，见表3-25。

表 3-25　储能应用分组（美国桑迪亚实验室）

发电能力	能量时移
	容量机组
	负荷跟踪
辅助服务	调频
	系统备用（旋转/非旋转）
	电压支持
输电支持	缓解拥堵
	延缓输电投资
电力用户	分时电价管理
	降低容量费用
	提高供电可靠性
	提高电能质量
可再生能源消纳	可再生能源出力时移
	可再生能源出力固化

根据技术原因和运行特性限制来分析表3-25的5组14种应用的可能形成效益叠加的协同关系。

根据美国桑迪亚国家实验室的经济性评价方法，某种储能技术应用于电力系统领域的总价值为：

$$V_T = U_i V_i + U_i + 1 V_{i+1} + \cdots + U_{i+n} V_{i+n} \tag{3-19}$$

式中：

V_T——电力系统应用的总价值；

U_i——第 i 种应用的叠加系数；

V_i——第 i 种应用的价值。

叠加系数 U_i（$0 \leqslant U_i \leqslant 1$）代表储能技术的某种特定应用的价值叠加系数，例如当储能装置已经应用于调频时，则该装置在进行调频的时段无法再满足其他（例如延缓输电投资）应用，即此时延缓输电投资的 U_i 为 0。

U_i 主要受以下几种因素的影响：

（1）应用的优先顺序。应用优先顺序决定不同种类应用价值叠加时的优先级，当某种应用优先级较高（也即默认为优先调用的应用），其应用价值应优先考虑，其他应用则根据优先应用的技术特性，与优先应用出现的时间吻合度（参见时间吻合度）及优先应用所剩余的可用时间（参加剩余时间）决定其叠加系数。

表 3-25 中的 5 组 14 种应用中，根据应用所要求的充放电特性，美国桑迪亚国家实验室将其分为了 3 类应用：

1）第 1 类：规律性充放电，并且和电力系统的用电高峰期高度重合的应用，包括能量时移、容量机组、缓解输电拥堵、延缓输电投资、分时电价管理、降低容量电费、可再生能源出力时移，虽然利益相关方不同，但所提供的价值其实是一致的。

2）第 2 类：随机频繁充放电，包括调频、提高电能质量、可再生能源出力固化。

3）第 3 类：偶尔会要求出力的应用，包括系统备用、电压支持、提高供电可靠性。

（2）时间吻合度。时间吻合度指某种储能技术在提供某项应用时与其他应用在时间上的重合度，也可以理解为某种储能技术在提供某一种应用的同时，其实也提供了另一种应用的价值。根据桑迪亚实验室的研究结论，第1类应用在时间吻合度上高度一致，可以看作互相高度协同的应用。与此相对，第2类应用中的调频由于要进行频繁的充放电，实际上会处于时刻要准备好的状态，所以难以与第1类和第3类协同，与第2类中的其他应用之间由于利益相关方不同等原因也难以实现协同。而第3类应用由于基本是偶尔被调用，除供电高峰时间外，是可以与第1类实现协同的。

（3）剩余时间。剩余时间是指某种储能技术在某个时间尺度内（一般为日）实现了某种应用之后，剩余可供其实现其他应用的时间。例如，第2类中的调频基于系统的需要，一般要求一天大部分时间之内都要保持运行，所以其留给其他应用的剩余时间非常有限，而第3类应用由于是偶尔随机调用，其剩余时间就会比较充裕。

根据以上储能应用的兼容性特点，桑迪亚实验室确定了以下几组可以实现和几乎无法实现共存的典型应用组合：

1）能量时移与缓解输电拥堵和延缓输电投资可实现协同。

2）调频作为一种特殊应用与其他任何应用几乎都难以共存，因为其高昂的机会成本，桑迪亚实验室认为这也是其价值较高的一种原因。

3）分时电价管理与能量时移和容量机组之间可实现协同。

所有5组15种不同应用之间（可再生能源出力固化细分为了平抑波动和风电并网两种应用）的协同性见表3-26。

3.7.2 独立储能电站场景叠加收益测算

1.计算说明

（1）独立储能电站的有效容量选取为20MW/40MWh，充放电深度DOD选取为90%，装机容量为20MW/44.4MWh。

（2）每种案例分析中将分别考虑三种储能系统成本，第一种参考2018年江苏镇江101MW/202MWh电网侧储能系统平均装机容量单价3341元/kWh

（总投资7.5亿元，电池总装机容量），第二种为2020年储能系统平均装机容量单价2000元/kWh，第三种2025年储能系统平均装机容量单价1500元/kWh（预测值）。

（3）能量型应用工况下，电池容量年衰减率为2%，截止容量为原始容量的75%，90%DOD@75% Ret循环寿命为10000次，日历寿命为15年。适用于该工况的服务类型包括峰谷价差、启停调峰、电网投资延迟、旋转备用及黑启动服务。

（4）功率型应用工况下，电池容量年衰减率为3%，截止容量为原始容量的73.7%，20%DOD@75% Ret不考虑循环寿命，日历寿命为10年。适用于该工况的服务类型为电网调频服务。

（5）电池转换效率为95%，变流器AC/DC效率为98%，变流器DC/AC效率为98%，变压器效率为98%，辅助系统功耗为运行功率的1%，由此可得系统综合效率为86.75%。

（6）所有案例均采用全额投资方式进行测算。

现对储能系统参与服务组合的情况下进行案例分析，为了便于描述，将调峰、电网投资延迟、旋转备用、黑启动等服务统称为其他服务，各服务测算依据如下：

1）峰谷电价差收益测算标准：设峰谷电价差为1元，年利用天数为360天。

2）调峰测算标准：调峰容量为储能系统全容量，每年参与调峰的时间为100天，机组利用率为50%，则调峰次数为50次。

3）电网投资延迟测算标准：设电网投资成本为3000元/kW，资金利率为6%，延迟投资年限为3年。

4）旋转备用测算标准：备用容量为储能系统全容量，旋转备用小时数为0.5h，年利用天数为360天。备用补偿标准为10元/MWh。

5）黑启动测算标准：黑启动容量为储能系统全容量，补偿标准为每月8

表3-26　储能应用协同矩阵

应用类型：

- 发电支持
- 辅助服务
- 输电支持
- 用户服务
- 可再生能源消纳

●高度协同　◉协同性好　○协同性一般　⊙协同性差　⊗无法协同

注1：需位于本地的分布式储能

× ：特殊情况可协同，须符合特定时间和/或位置

＊：大多数储能技术无法为两种应用同时提供功率

†：存在同时放电的可能性

‡：需要调度予直接介入操作

#：对于分布式储能，即可从电网充电，也可从发电、可再生源发电充电

万元。

不同服务收入比例如图3-10所示。

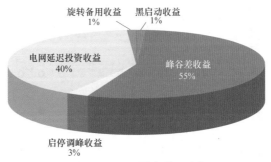

图 3-10 不同服务收入比例

2.测算结果

（1）峰谷差收益是储能系统目前最大的收益来源，在系统建设单价成本为2000元/kWh时已经可以只依靠该项收益实现8%左右的项目收益，基本具备投资价值。当系统建设单价成本达到1500元/kWh时，收益率可以达到13.49%，静态投资回收期仅为6年。

（2）储能系统在获取峰谷差收益的同时可以尽可能地使其参与启停调峰、旋转备用和黑启动服务，这些服务与削峰填谷运行不会完全冲突，可以有效提升储能项目的投资收益率；另外，把储能系统投资纳入延缓电网投资会给储能系统带来非常好的短期收益，大幅缩短投资回收期并增加投资收益率。叠加以上收益后，在系统建设单价成本为2000元/kWh时，项目收益率可达到14.77%，静态投资回收期从8.42年缩短至4.99年；在系统建设单价成本为1500元/kWh时，项目收益率可达到23.90%，静态投资回收期从6年缩短至2.98年。

3.8 小结

本章对不同应用场景下储能系统收益进行了研究，具体包括：①总结了储能系统整体经济性评估指标，如静态投资回收期、总投资收益率、净资产收益率、动态投资回收期、净现值、内含报酬率、税收影响等，分析了不同应用场景下各因素对系统投资收益的影响；②围绕重点场景可再生能源电站配套储能、电网侧储能、电源侧调频配套储能、工商业配套储能、5G 基站储能备用电源等，开展了政策研究及典型项目分析；③最后采用美国桑迪亚国家实验室的经济性评价方法评价了叠加场景下的典型储能项目经济性价值。

4 典型区域储能投资收益分析

对典型区域的储能投资收益进行分析是业界关心的重要问题。本章引入本量利分析模型，对特定场景下典型区域储能投资进行了相关收益分析：首先介绍了本量利模型的相关假设及方程式，然后选取典型储能工程，以鲁能海西州多能互补示范工程、山西京玉电厂火电储能联合调频项目及典型工商业储能项目为例进行了投资收益的盈亏平衡、目标利润及敏感性分析。

4.1 本量利模型分析方法

本量利分析是对成本、业务量、利润之间相互关系进行分析的一种系统方法。这种分析方法是在成本性态分析的基础上，运用数学模型以及图表形式，对成本、业务量、利润与单价等因素之间的依存关系进行具体的分析，为企业经营决策和目标控制提供有用信息，被广泛应用于企业的预测、决策、计划和控制等活动中。运用本量利分析，首先需要识别本量利的基本关系。

4.1.1 成本性态分析

财务人员一般把成本分为产品成本和期间成本，按成本用途将产品成本进一步分为若干成本项目。对于管理人员来说，为了便于区分研究，一般是按成本与业务量的依存关系分类，也就是把成本分为随业务量增加的变动成本和不随业务量增加的固定成本，以便在决定一项业务时预计它的成本和盈利。成本性态又称成本习性，是指成本总额与业务量（如产品产量、销量等）之间的内在关系。成本按其性态分类，可分为固定成本、变动成本与混合成本。

1. 固定成本

固定成本是指在特定的业务量范围内不受业务量变动影响，一定期间的总额能保持相对稳定的成本。例如固定月工资、固定资产折旧费、取暖费、财产保险费、职工培训费、科研开发费、广告费等。

一定期间的固定成本的稳定性是有条件的，即业务量的变动是在特定的相关范围之内。一定期间固定成本的稳定性是相对的，即对于业务量来说是稳定的，但这并不意味着每月该项成本的实际发生额都完全一样。固定成本的稳定性，是针对成本总额而言的，如果从单位产品分摊的固定成本来看则正好相反。在产量增加时，单位产品分摊的固定成本会相对小一些；在产量减少时单位产品分摊的固定成本会相对大一些。

2. 变动成本

变动成本是指在特定的业务量范围内其总额随业务量变动而正比例变动的成本。例如直接材料、直接人工、外部加工费、销售佣金等。这类成本直接受产量的影响，两者保持正比例关系，比例系数稳定。这个比例系数就是单位产品的变动成本。单位成本的稳定性也是有条件的，即业务量的变动是在特定的相关范围内。例如产品的材料消耗通常会与产量成正比，属于变动成本。如果产量很低，不能发挥套裁下料的节约潜力；或者产量过高，废品率上升，单位产品的材料成本都会增大。也就是说，变动成本和产量之间的线性关系，通常只在一定的相关范围内存在。

3. 混合成本

混合成本是指除固定成本和变动成本之外的成本，它们因业务量变动而变动，但不成正比例关系。

混合成本的情况比较复杂，需要进一步分类。一般来说，可以将其分为三种主要类别：

（1）半变动成本。半变动成本，是指在初始成本的基础上随业务量正比例增长的成本。例如电费和电话费等公用事业费、燃料、维护和修理费等，多属于半变动成本。

这类成本通常有一个初始成本，一般不随业务量变动而变动，相当于固定成本；在这个基础上，成本总额随业务量变化呈正比例变化，又相当于变动成本。这两部分混合在一起，构成半变动成本。

如果用方程式表示，设 y 代表这类总成本，a 代表固定成本部分，b 代表单位变动成本，x 代表业务量（产量、机器工时等），则有：

$$y = a + bx \tag{4-1}$$

（2）阶梯式成本。阶梯式成本，是指总额随业务量呈阶梯式增长的成本，也称步增成本或半固定成本。例如受开工班次影响的动力费、整车运输费用、检验人员工资等。

这类成本在一定业务量范围内发生额不变，当业务量增长超过一定限度，其发生额会突然跳跃到一个新的水平，然后，在业务量增长的一定限度内其发生额又保持不变，直到另一个新的跳跃为止。

（3）延期变动成本。延期变动成本，是指在一定业务量范围内总额保持稳定，超出特定业务量则开始随业务量同比例增长的成本。例如在正常业务量情况下给员工支付固定月工资，当业务量超过正常水平后则需支付加班费，这种人工成本就属于延期变动成本。延期变动成本在某一业务量以下表现为固定成本，超过这一业务量则成为变动成本。

此外，有些成本和业务量有依存关系，但不是直线关系。例如自备水源的成本，用水量越大则总成本越高，但两者不成正比例，而呈非线性关系。用水量越大则总成本越高，但增长越来越慢，变化率是递减的。再例如各种违约金、罚金、累进计件工资等。这种成本随业务量增加而增加，而且比业务量增加得还要快，变化率是递增的。

各种非线性成本，在业务量相关范围内可以近似地看成是变动成本或半变动成本。在特定的产量范围内，它们的实际性态虽为非直线，但与直线的差别有限。忽略这种有限的差别，不至于影响信息的使用，却可以大大简化数据的加工过程，故可以用 $y = a + bx$ 来近似地表示这些非线性成本。

4.1.2　本量利分析基本模型的相关假设

1. 相关范围假设

本量利分析是建立在成本按性态划分基础上的一种分析方法，所以成本按性态划分的基本假设也就构成了本量利分析的基本假设。区分一项成本是变动成本还是固定成本时，均限定在一定的相关范围内，这个相关范围就是成本按性态划分的基本假设，同时它也是构成本量利分析的基本假设之一。

（1）期间假设。无论是固定成本还是变动成本，其固定性与变动性均体现在特定的期间内，其金额的大小也是在特定的期间内加以计量而得到的。随着时间的推移，固定成本的总额及其内容会发生变化，单位变动成本的数额及内容也会发生变化。所以对成本性态的划分应该限定在一定期间内。

（2）业务量假设。同样，对成本按性态进行划分而得到的固定成本和变动成本，是在一定业务量范围内分析和计量的结果，业务量发生变化，特别是变化较大时，成本性态有可能变化，就需要重新加以计量，这就构成了新的业务量假设。

期间假设与业务量假设是相互依存的关系。这种依存性表现为在一定期间内业务量往往不变或者变化不大，而一定的业务量又是从属于特定期间的。换句话说，不同期间的业务量往往发生了较大变化，特别是不同期间相距较远时更是如此。而当业务量发生很大变化时，出于成本性态分析的需要，不同的期间也就由此划分了。

2. 模型线性假设

企业的总成本按性态可以或者可以近似地描述为 $y = a + bx$。站在本量利分析的立场上，由于利润只是收入与成本之间的一个差量，所以本假设只涉及成本与业务量两个方面，具体来说，模型线性假设包括以下几个方面：

（1）固定成本不变假设。在企业经营能力的相关范围内，固定成本是不变的，用模型来表示就是 $y = a + bx$ 中的 a，表示在平面直角坐标图中，就是一条与横轴平行的直线。

（2）变动成本与业务量呈完全线性关系假设。在相关范围内，变动成本与业务量呈完全线性关系，用模型来表示是 $y = a + bx$ 中的 bx，b 是单位变动成本，在坐标图中是一条过原点的直线，斜率就是单位变动成本。

（3）销售收入与销售数量呈完全线性关系。在本量利分析中，通常假设销售价格为一个常数，因此，销售收入与数量之间呈现完全线性关系，用数学模型表示就是 $s = Px$（s 为销售收入，P 为销售单价，x 为销售数量）。表示在坐标图中是一条过原点的直线，斜率就是销售单价。

3. 产销平衡假设

本量利分析中的"量"指的是销售数量而非生产数量，在销售价格不变的条件下这个量有时指销售收入。本量利分析的核心是分析收入与成本之间的对比关系。产量的变动对固定成本和变动成本都可能产生影响，这种影响也会影响到收入与成本之间的对比关系。所以，站在销售数量的角度进行本量利分析时，就必须假设产销关系是平衡的。

4. 品种结构不变假设

本假设指在一个多品种生产和销售的企业中，各种产品的销售收入在总收入中所占的比重不会发生变化。由于多品种条件下各种产品的获利能力一般会有所不同，甚至有时差异较大，如企业产销的品种结构发生较大变动，势必会导致预计利润与实际利润之间出现较大的出入。

上述假设之间的关系是：相关范围假设是最基本的假设，是本量利分析的出发点；模型线性假设由相关范围假设派生而来，是相关范围假设的延伸和具体化；产销平衡假设与品种结构不变假设是对模型线性假设的进一步补充；同时，品种结构不变假设又是多品种条件下产销平衡假设的前提条件。

上述诸条假设的背后都有一条共同的假设，即企业的全部成本可以合理地或者比较准确地分解为固定成本与变动成本。

4.1.3 本量利分析基本模型

促使人们研究成本、数量和利润之间关系的动因，是传统的成本分类不能满足企业决策、计划和控制的要求。企业的这些内部经营管理工作，通常以数量为起点，以利润为目标。企业管理人员在决定生产和销售数量时，需要认知对企业利润的影响，这又需要确定收入和成本。对于收入，很容易根据数量和单价来估计，而成本则不然。

无论是总成本还是单位成本，都难以把握，不能简单直接地按产品单位成本乘以产销数量来估计总成本，因为数量变化之后，单位成本也会变。管理人员需要一个数学模型，这个模型应当除了业务量和利润之外都是常数，使业务量和利润之间建立起直接的函数关系。这样，管理人员可以利用这个模型，在业务量变动时估计其对利润的影响，或者在目标利润变动时计算出完成目标所需要的业务量水平。建立这样一个模型的主要障碍是成本与业务量之间的数量关系不清楚。为此，应首先研究成本和业务量之间的关系，并确立成本按性态的分类，然后在此基础上明确成本、数量和利润之间的相互关系。

在把成本分解成固定成本和变动成本两部分之后，再把收入和利润加进来，成本、销量和利润的关系就可以统一于一个数学模型。

1. 损益方程式

本量利分析是以变动成本法为基础的，其基本公式是变动成本法下计算利润的公式，该公式反映了价格、成本、业务量和利润各因素之间的相互关系。即：

息税前利润 = 销售收入 − 总成本 = 销售价格 × 销售量 −（变动成本 + 固定成本）= 销售单价 × 销售量 − 单位变动成本 × 销售量 − 固定成本　　　（4−2）

式（4-2）是本量利分析的基本公式，所有本量利分析都是在该公式基础上进行的。

2. 边际贡献

边际贡献（Contribution Margin，CM）指产品的销售收入扣除变动成本之后的金额，表明销售该产品为企业利润作出的贡献，也可称为边际利润，是用来衡量产品盈利能力的一项重要指标。边际贡献可以用总额形式表示，也可以用单位边际贡献和边际贡献率形式表示。

边际贡献总额：（Total Contribution Margin，TCM）是指产品销售收入总额与变动成本总额之间的差额。用公式表示为：

$$边际贡献总额 = 销售收入总额 - 变动成本总额 \tag{4-3}$$

由于：

税前利润 = 销售收入总额 - 变动成本总额 - 固定成本 = 边际贡献总额 - 固定成本

可以写成：

$$税前利润 = 边际贡献总额 - 固定成本 \tag{4-4}$$

所以：

$$边际贡献总额 = 税前利润 + 固定成本 \tag{4-5}$$

单位边际贡献（Unit Contribution Margin，UCM）是指单位产品售价与单位变动成本的差额。用公式表示为：

$$单位边际贡献 = 销售单价 - 单位变动成本 \tag{4-6}$$

该指标反映每销售一件产品所带来的边际贡献。

边际贡献率（Contribution Margin Rate，CMR）是指边际贡献总额占销售收入总额的百分比，或单位边际贡献占单价的百分比。用公式表示为：

$$边际贡献率 = 边际贡献总额 / 销售收入总额 \times 100\%$$
$$= 单位边际贡献 / 销售单价 \times 100\% \tag{4-7}$$

该指标反映每百元销售收入所创造的边际贡献。

3. 本量利关系图

将成本、业务量、销售单价之间的关系反映在平面直角坐标系中就形成了本量利关系图。通过图形，可以非常清楚而直观地反映固定成本、变动成本、销售量、销售额、盈亏临界点、利润区、亏损区、贡献毛益和安全边际等。根据数据的特征和目的，主要有传统式关系图和边际贡献式关系图。

基本的本量利关系曲线的绘制方法如下：

（1）在直角坐标系中，以横轴表示销售量，以纵轴表示成本和销售收入。

（2）绘制固定成本线。在纵轴上找出固定成本数值，即（0，固定成本数值），以此为起点，绘制一条与横轴平行的固定成本线。

（3）绘制总成本线。以（0，固定成本数值）为起点，以单位变动成本为斜率，绘制总成本线。

（4）绘制销售收入线。以坐标原点（0，0）为起点，以销售单价为斜率，绘制销售收入线。

基本的本量利关系图见图4-1。

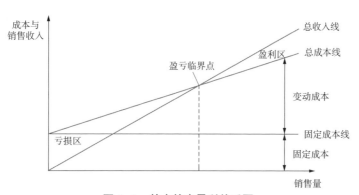

图 4-1　基本的本量利关系图

这样绘制出的总成本线和销售收入线的交点就是盈亏临界点。传统式关系图可以直观、动态地反映销售量、成本和利润之间的关系。

在基本的本量利关系图的基础上，还可以派生出边际贡献式图见图4-2。边际贡献式本量利关系图是一种将固定成本置于变动成本之上，能够反映边际贡献形成过程的图形，这是传统式本量利关系图不具备的。

该图的绘制程序是：①从原点出发分别绘制销售收入线和变动成本线；②从纵轴上的（0，固定成本数值）点为起点绘制一条与变动成本线平行的总成本线。这样，总成本线和销售收入线的交点就是盈亏临界点。

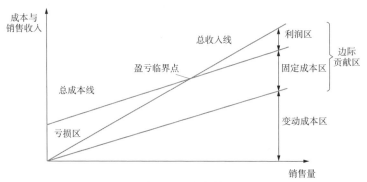

图 4-2　边际贡献式本量利关系图

边际贡献式关系图能够清楚地反映出边际贡献的形成过程。总收入线与变动成本线之间所夹区域为边际贡献区域。当边际贡献正好等于固定成本时，企业达到盈亏平衡状态，当边际贡献超过盈亏临界点并大于固定成本时，企业获得了利润，当边际贡献没有达到盈亏临界点时，企业发生了亏损。该图更能反映利润＝边际贡献毛益－固定成本的含义。

4. 保本点（盈亏临界点）

保本分析是基于本量利基本关系原理进行的损益平衡分析或盈亏临界分析。它主要研究如何确定保本点及有关因素变动的影响，为决策提供超过哪个业务量企业会有盈利，或者低于哪个业务量企业会亏损等信息。

保本点，也称盈亏临界点（Break Even Point，BEP），是指企业收入和成本相等的经营状态，即边际贡献等于固定成本时企业所处的既不盈利又不亏损的状态。通常用一定的业务量（保本量或保本额）来表示。此时，企业的销售收入恰好弥补全部成本，企业的利润等于零。盈亏临界点分析就是根据销售收入、成本和利润等因素之间的数学关系，分析企业如何达到不盈不亏状态。也就是说，销售价格、销售量及成本因素都会影响企业的不盈不亏状态。通过盈亏临界点分析，企业可以预测售价、成本、销售量及利润情况，并分析这些因素之间的相互影响，从而加强经营管理。企业可以根据所销售产品的实际情况计算盈亏临界点。可以采用下列两种方法进行：

（1）企业销售单一品种的产品。企业只销售单一产品，则该产品的盈亏临界点计算比较简单。根据本量利分析的基本公式：

$$税前利润 = 销售收入 - 总成本 = 销售价格 \times 销售量 -（变动$$
$$成本 + 固定成本）= 销售单价 \times 销售量 - 单位变动成本 \times 销 \quad (4-8)$$
$$售量 - 固定成本$$

企业不盈不亏时，利润为零，利润为零时的销售量就是企业的盈亏临界点销售量。

$$盈亏临界点销售量 = 固定成本 /（销售单价 - 单位变动成本）$$
$$= 固定成本 / 单位边际贡献 \quad (4-9)$$

相应的：

$$盈亏临界点销售额 = 盈亏临界点销售量 \times 销售单价$$
$$= 固定成本 / 边际贡献率 \quad (4-10)$$

（2）企业销售多种产品。在现实经济生活中，大部分企业生产经营的产品不止一种。在这种情况下，企业的盈亏临界点就不能用实物单位表示，因为不同产品的实物计量单位是不同的，把这些计量单位不同的产品销量加在一起意义不大。所以，企业在产销多种产品的情况下，用金额来表示企业的盈亏临界点更能反映企业的综合盈利能力，即计算企业盈亏临界点的销售额。比较常用的计算多品种企业盈亏临界点的方法是综合边际贡献率法。所谓综合边际贡献率法是指将各种产品的边际贡献率按照其各自的销售比重这一权数进行加权平均，得出综合边际贡献率，然后再据此计算企业的盈亏临界点销售额和每种产品的盈亏临界点的方法。

具体来说：

$$企业盈亏临界点 = 企业固定成本总额 / 综合边际贡献率 \qquad (4-11)$$

综合边际贡献率的公式如下：

$$综合边际贡献率 = \sum（各种产品边际贡献率 \times 该种产品的销售额比重）$$
$$(4-12)$$

其中，该种产品的销售额比重即该产品的销售额占总销售额的比重。

5. 保利点

保利分析是基于本量利基本关系原理进行的确保达到既定目标利润的分析。它主要研究如何确定保利点及有关因素变动的影响（即敏感性分析）。

前述盈亏平衡分析或保本分析是以企业利润为零，即不盈不亏为前提的，然而，企业不会满足于盈亏平衡，更需要有盈利目标，否则就无法生存和发展。保利分析需要确定的保利点（profit granting point），是在单价和成本水平一定的情况下，为确保预先制定的目标利润可以实现而必须达到的销售量或销售额，根据本量利分析的基本公式：

$$目标利润 = 销售单价 \times 保利量 - 单位变动成本 \times$$
$$保利量 - 固定成本 \qquad (4-13)$$

可得：

$$保利量 =（固定成本 + 目标利润）/（销售单价 - 单位变动成本）$$
$$=（固定成本 + 目标利润）/ 单位边际贡献 \qquad (4-14)$$

相应的，可得：

$$保利额 = 销售单价 \times 保利量 =（固定成本 + 目标利润）/ 边际贡献率$$
$$(4-15)$$

在公式中，目标利润指税前利润。税后利润需要扣除相应的税费：

$$目标净利润 = 目标利润 \times（1 - 所得税税率）\qquad (4-16)$$

6. 本量利理论在储能项目经济性分析上的应用

储能系统本质是一种电力系统的灵活性调节资源，通过充放电循环为电力系统提供电量和功率，进而实现负荷转移、频率平衡、系统备用容量、延缓输配投资等不同的价值。

从本量利理论的角度看，储能项目的销售额即为提供电量或功率所获得的收入，销售价格即为提供单位电量或功率的价格（元/kWh或元/kW）。储能项目的固定成本主要为建设成本、必要的检修及维护成本。非固定成本主要为充电成本和充放电循环损耗成本。

在下面章节中通过本量利模型分析不同典型场景储能项目的盈亏临界点和保利点，并结合实际情况进行敏感性分析。在计算中，统一按照全寿命周期10年测算所有收入和成本，并按照8%的复利折算到现值。年放电量、电价、系统效率参数以项目执行电价和项目系统效率为准，默认为10年不变。

4.2 典型区域特定场景储能投资收益分析

4.2.1 可再生能源场站储能项目

1. 案例介绍

鲁能海西州多能互补示范工程位于青海省海西州。集风电、光伏、光热、储能于一体，是至今世界首个、中国最大、百兆瓦级储能（50MW/100MWh）配套风电（400MW）、光伏（200MW）、光热（50MW）的多能互补项目。

储能系统目前的主要收益模式是通过充放电为可再生能源提供调峰能力，进而参与电网的调峰服务，同时起到了降低弃风弃光率的作用。

（1）商业模式。根据《青海电力辅助服务市场运营规则（试行）》，储能电站可作为市场主体参与调峰等辅助服务，电网调用储能设施参与青海电网调峰价格暂定0.7元/kWh。准入条件为发电企业、用户侧或电网侧储能设施，充电功率在10MW以上、持续充电时间2h以上。

除了电网调用以外，储能电站也可以参与调峰辅助服务市场化交易，具体方式可分为双边协商和竞价。双边协商交易指由储能电站与风电场、太阳能电站市场主体开展协商确定调峰交易时段、电价和交易电力、电量，并由调度机构核准执行的交易。市场竞价交易指由储能电站根据市场需求通过向辅助服务交易平台提交交易意向，通过市场化竞价出清机制确认执行的交易。

（2）运行数据。从2018年6月到2019年5月，储能调峰累计充电电量2324万kWh，累计放电量1905万kWh。其中电网调用调峰和市场交易调峰的电量，收益情况见表4-1。

表4-1 共享储能调峰年收益统计

调峰参数 调用主体	年放电量 （万kWh）	年收入 （万元）	平均电价 （元/kWh）
总体	1905	1290	0.68
电网	1733	1213	0.70
市场	172	77	0.45

（3）成本数据。本项目建造成本为2.3亿元，为100%自筹。年运行维护费用按照总建设费用的2%估算，为460万元。充放电效率按照81%计算。

2. 盈亏平衡分析

按照10年的项目周期计算，总固定成本由建设成本和年运行维护成本相加得出，为2.76亿元。总变动成本为10年的总充电损耗成本，为2849万元。单位变动成本为0.15元/kWh。10年总放电量为1.9亿kWh，总收入为1.29亿元。

根据边际贡献公式：边际贡献总额=销售收入总额-变动成本总额，项目的边际贡献总额为1亿元。单位边际贡献为0.53元/kWh。边际贡献率为78%。

根据盈亏临界点的公式：盈亏临界点销售量=固定成本/（销售单价-单位变动成本）=固定成本/单位边际贡献，项目的盈亏临界点放电量为：

$$\frac{2.76亿元}{0.53元/kWh}=5.2亿kWh。$$

10年总盈亏平衡收入为盈亏临界点放电量乘以平均电价0.68元/kWh，为3.54亿元。

也就是说，要达到盈亏平衡的水平，项目10年总放电量要达到5.2亿kWh，按照项目容量50MW/100MWh计算，相当于要实现10年总共2600次放电，即一年最少要有260天实现一个完整的充放电循环。而项目目前的10年总放电量预计为1.9亿kWh，距离盈亏临界点放电量还远远不够。

3. 目标利润分析

根据保利点的公式：保利量 =（固定成本 + 目标利润）/单位边际贡献，设目标利润率为10%，即目标利润为10年总盈亏平衡收入的10%，为3540万元。

10年的保利点放电量为：$\dfrac{2.76亿元+0.354亿元}{0.53元/kWh} = 5.88亿kWh$

10年保利点收入为保利点放电量乘以平均电价0.68元/kWh，为4亿元。

根据本量利分析理论的边际贡献关系图，共享储能项目的盈亏临界点与保利点关系图如图4-3所示。

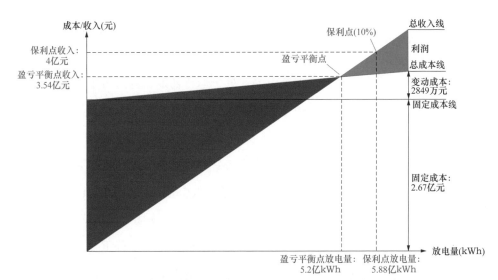

图 4-3 共享储能项目本量利关系图（边际贡献关系图）

4. 敏感性分析

（1）固定成本。本项目的绝大部分成本为固定成本，为2.3亿元，单位固定成本为2300元/kWh。若系统单位成本降低为1500元/kWh，总固定成本可降为1.96亿元。则盈亏临界点放电量为 $\dfrac{1.96\,亿元}{0.53\,元/kWh}$=3.69亿kWh。

若年维护运行成本能下降一半，达到230万元，则总固定成本为1.73亿元，相应的盈亏临界点放电量为3.26亿kWh。

固定成本下降情况下的盈亏临界点放电量与保利点放电量变化情况见表4-2。

表4-2 共享储能调峰年收益统计

电量	系统单价			
	1500元/kWh		1200元/kWh	
	年运维成本 460万元	年运维成本 230万元	年运维成本 460万元	年运维成本 230万元
盈亏临界点放电量	3.69亿kWh	3.26亿kWh	3.13亿kWh	2.69亿kWh
保利点电量（10%利润率）	4.17亿kWh	3.68亿kWh	3.53亿kWh	3.04亿kWh

（2）运行方式。目前共享储能电站还处于运行初期，与可再生能源场站的交易电量较少，目前的年放电量为1905万kWh，10年期预计放电量为1.9亿kWh。

如果按照储能电站每天一次充放电循环，年运行330天计算的话，储能电站的年放电量可达到6600万kWh，10年预计放电量6.6亿kWh。已经超过了目前成本条件下的保利点放电量5.88亿kWh。若是未来固定成本持续下降，则项目的利润会更高。可见除了成本，项目的运行方式也十分重要。未来随着可再生能源渗透率的不断增加，对储能的充放电需求也会不断提升，储能电站的利润有望提高。

4.2.2 电源侧调频储能项目

1. 案例介绍

这里以山西京玉电厂火电储能联合调频项目为例。京玉电厂机组为循环流化床机组，通过与储能的联合，极大提升机组整体的调频性能，为山西电网提供更优质的调频辅助服务。项目总投资5600万元，由北京睿能世纪科技有限公司投资运营，合作方还包括京能集团、三星SDI、ABB等企业。项目容量为9MW/4.5MWh三元锂离子电池储能系统。

（1）商业模式。在调频储能系统投运前，京玉电厂机组AGC性能指标K_p小于1.0。储能系统投运后，试运行期间AGC性能指标提升至$K_p \approx 3.1$，平均调节速率为6MW/min，经优化后长期运行AGC性能指标K_p=4.3。根据调研，机组日平均调节深度约为862.38MW。

（2）运行数据。储能联合火电机组参与华北电网调频辅助服务，在理想状态下每年可获得的AGC补偿为：862.38MW × 4.35 × 5元/MW × 300天 =563万元。

项目10年总AGC收益预计为5630万元，10年总调节深度为1126万MW。需要说明的是，本量利模型中没有性能指标的概念，而调频深度实际有性能指标的作用，所以这里计入性能指标K_p。

（3）成本数据。本项目建造成本为5600万元，100%自筹。年运行维护费用按照总建设费用的1.5%估算，为84万元，10年运行期总运行维护费用为840万元。系统充放电效率按照89%计算。调频储能系统的年充电损耗成本 = 日均调节深度/系统充放电效率89% × 4.35 × 5元/MW × 300天 =69.8万元。

储能系统辅助用电成本主要是储能电池和逆变器的冷却用电、控制用电和照明用电等产生的成本。一般情况下，3MW的储能单元平均辅助用电功率小于50kW，则9MW储能系统长期运行辅助用电损耗功率小于150kW。那么每年储能用电量为：

$$E_{（辅助用电）}=150\text{kW} \times 24\text{h} \times 300\text{天} =1026\text{MWh}$$

$$C_{（辅助用电）}=E_{辅助用电} \times 340元/\text{MWh}=36.7万元$$

系统的年总变动成本为69.8+36.7=106.5万元，10年总变动成本为1065万元。

2. 盈亏平衡分析

按照10年的项目周期计算，总固定成本由建设成本和年运行维护成本相加得出，为6440万元。10年总变动成本为1065万元。单位变动成本=10年总变动成本/10年总调节深度=0.95元/MW。10年总调节深度为1126万MW，总收入为5630万元。

根据边际贡献公式，边际贡献总额=销售收入总额－变动成本总额，项目的边际贡献总额为4565万元。单位边际贡献为4.05元/kWh。边际贡献率为81%。

根据盈亏临界点的公式：盈亏临界点销售量 = 固定成本/（销售单价 — 单位变动成本）= 固定成本/单位边际贡献，项目的盈亏临界点调节深度为：

$$\frac{6440万元}{4.05元/\text{MW}} = 1590 万\text{MW}。$$

10年总盈亏平衡收入为盈亏临界点调节深度乘以平均调频补偿电价5元/MW，为7950万元。

按照目前的日调节深度，项目的10年总调节深度为1126万MW，距离盈亏临界点调节深度仍有距离。今后随着储能调频项目的增多，市场竞争性的加强，单个储能电站的日均调频深度会继续下降，影响项目的收益。

3. 目标利润分析

根据保利点的公式：保利量 =（固定成本 ＋ 目标利润）/单位边际贡献，设目标利润率为10%，即目标利润为10年总盈亏平衡收入的10%，为132万元。

10年的保利点放电量为 $\dfrac{6440\text{万元}+795\text{万元}}{4.05\text{元/kWh}}=1786\text{万 MW}$。

10年保利点收入为保利点放电量乘以平均调频补偿电价5/MW，为8932万元。

电源侧调频储能项目本量利关系图（边际贡献关系图）如图4-4所示。

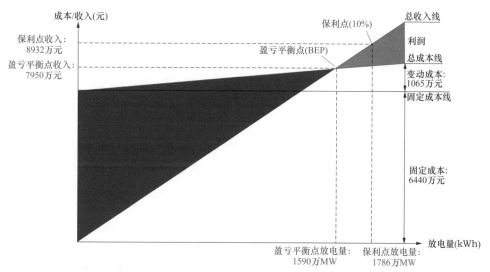

图4-4 电源侧调频储能项目本量利关系图（边际贡献关系图）

4. 敏感性分析

（1）固定成本。本项目固定成本为6440万元，单位固定成本为12400元/kWh。若系统单位成本降低为5600元/kWh（2019年功率型锂电储能系统平均价格水平），总固定成本可降为2898万元。则盈亏临界点调节深度为

$$\dfrac{2898\text{万元}}{4.05\text{元/MW}}=716\text{万 MW}。$$

10年总盈亏平衡收入为盈亏临界点调节深度乘以平均调频补偿电价5元/MW，为3580万元。

保利点调节深度为：$\dfrac{2898\text{万元}+358\text{万元}}{4.05\text{元/kWh}}=804\text{万 MW}$（按照10%的利润率计算）。

固定成本下降情况下的盈亏临界点放电量与保利点放电量变化情况见表4-3。

表4-3　固定成本变化－电源侧调频储能项目收益变化

电量	系统单价	
	12400元/kWh	5600元/kWh
盈亏临界点放电量（万MW）	1590	716
保利点电量（10%利润率）（万MW）	1786	804

可见，若能实现固定成本的下降，则储能系统可以实现盈亏平衡乃至项目盈利。

（2）运行方式。随着储能调频项目数量的增多，短期内的单个储能日调节深度可能会有明显的下降，若考虑到固定成本的下降和日调节深度的下降两个因素，则盈亏临界点调节深度和保利点调节深度的变化见表4-4和表4-5。

表4-4　固定成本与日调节深度变化－盈亏临界点调节深度变化

固定成本	调节深度	
	日调节深度：863MW	日调节深度减半*：431.5MW
6440万元	1590万MW	1727万MW
2898万元	716万MW	777万MW

注　*日调节深度减半：储能年充电损耗变化导致单位变动成本提高。

表4-5　固定成本与日调节深度变化－保利点调节深度变化

固定成本	调节深度	
	日调节深度：863MW	日调节深度减半*：431.5MW
6440万元	1786万MW	1940万MW
2898万元	804万MW	866万MW

注　*日调节深度减半：储能年充电损耗变化导致单位变动成本提高。

若储能系统的固定成本和日调节深度同时下降，则盈亏临界点调节深度和保利点调节深度分别为777万MW和866万MW。项目依然可以实现盈亏平衡甚至盈利。可见储能成本下降依然是项目经济性的主要影响因素。

4.2.3 工商业用户侧项目

1. 案例介绍

储能在用户侧的主要收益来源是通过在低谷或平时段充电、在高峰时段放电，利用峰谷电价差减少用户电费支出，同时达到缩小电网峰谷差的目的。储能系统收益取决于峰谷电价差。目前在国内绝大部分工商业用户已开始实施峰谷电价模式，峰谷电价差较高。工商业用户较多的地区主要是江苏、广东等地。其中，江苏最新发布了2021年的工商业峰谷电价，见表4-6。

表 4-6 江苏 2021 年工商业峰谷电价

时段＼电压等级	低于1kV	1~10kV	20~35kV	35~110kV
高峰 8：00~12：00 17：00~21：00	1.1141	1.0724	1.0557	1.0307
平段 12：00~17：00 21：00~24：00	0.6664	0.6414	0.6314	0.6164
谷段 0：00~8：00	0.2987	0.2904	0.2871	0.2821
峰谷价差	0.8154	0.782	0.7687	0.7486

和之前的目录电价相比，销售电价整体水平降低，但峰谷价差却出现了扩大的局面，有利于用户侧储能。同时，依据江苏省2015年发布的《国家发展改革委关于江苏省实施季节性尖峰电价有关问题的复函》（发改价格

〔2015〕1028号），江苏省每年夏季7、8月份执行尖峰电价政策。除了峰平谷段之外，增加了尖峰时段，具体见表4-7。

表4-7 江苏2021年工商业尖峰电价（7、8月）

时段＼电压等级	低于1kV	1~10kV	20~35kV	35~110kV
尖峰 10：00~11：00 14：00~15：00	1.2141	1.1724	1.1557	1.1307
高峰 8：00~12：00 11：00~12：00 19：00~22：00	1.1141	1.0724	1.0557	1.0307
平段 12：00~14：00 15：00~19：00 22：00~24：00	0.6664	0.6414	0.6314	0.6164
谷段 0：00~8：00	0.2987	0.2904	0.2871	0.2821
峰谷价差	0.8154	0.782	0.7687	0.7486

2. 商业模式

选取1~10kV的工商业用户作为测算对象，采用每天两充两放的策略，全年运行330天，其中夏季7、8月62天，非夏季268天。具体如下：

非夏季，每天低谷0:00~4:00，平段12:00~16:00各充电4h，总计充电8h。每天高峰8:00~12:00，17:00~21:00各放电4h，总计放电8h。

夏季，每天低谷0:00~4:00，平段12:00~14:00，15:00~17:00充电，总共充电8h，每天高峰8:00~10:00、11:00~12:00、19:00~22:00，以及尖峰10:00~11:00、14:00~15:00放电，总计放电8h。

3. 成本数据

配置10MW/40MWh的锂离子电池储能系统，系统单价按1600元/kWh计算，总造价为6400万元。年运行维护费用按照总建设费用的1.5%估算，为96万元。10年运行期总固定成本为7360万元。

系统充放电效率按照90%计算，相当于放电时产生了10%的电量损耗。在非夏季，每千瓦时放电损耗成本即为高峰电价的10%，即0.107元。在夏季，尖峰时刻放电损耗为尖峰电价的10%，即0.117元。高峰时刻放电损耗与非夏季时相同为0.107元。

充电成本即为谷段和平段电价，充电成本和放电损耗成本相加即为项目的变动成本，也即放电单位千瓦时的成本。

简单测算不考虑财务成本及税收，用户自己投资建设，不考虑第三方投资和用户进行电费分成的模式。

4. 盈亏平衡分析

根据充放电策略，全年共运行330天，其中非夏季268天，每天高峰时段放电时间为4h，夏季62天，每天高峰时段放电6h，尖峰放电2h。根据本量利理论，相当于有高峰和尖峰两种类型的放电收益（两种销售商品）。全年高峰时段的放电总小时数为2516h，尖峰时段放电总小时数为124h。两个时段放电时间的比例分别为95%和5%。

全年运行的330天中，无论夏季或非夏季，每天都是低谷段充电4h，平段充电4h，充电成本可以认为是谷段电价与平段电价的平均数，对于1~10kV的工商业用户，平均值为0.4659元。

根据单位边际贡献的理论，高峰时段的单位边际贡献为高峰电价减去充电成本和高峰时段放电损耗之和，根据电价数据，为0.4991元/kWh，约等于0.5元/kWh，高峰时段边际贡献率为46.6%。同理，尖峰时刻的单位边际贡献为0.5891元/kWh，约等于0.59元/kWh，尖峰时段边际贡献率为50.3%。

根据企业销售多种产品的综合边际贡献率公式：综合边际贡献率 = Σ（各种产品边际贡献率 × 该种产品的销售额比重），高峰与尖峰时刻放电收益的综合边际贡献率为46.7%。

根据盈亏临界点的公式：盈亏临界点销售额 = 盈亏临界点销售量 × 销售单价 = 固定成本/边际贡献率，这里用综合边际贡献率计算，项目的盈亏临界点销售额为：$\dfrac{7360万元}{46.7\%}$ = 15760万元。

10年总盈亏临界点放电收入为15760万元，即每年需要获得的盈亏临界点放电收入为1576万元。

按照目前的充放电运行方式，年全年高峰时段的放电总小时数为2516h，尖峰时段放电总小时数为124h，项目放电功率为10MW，全年总放电收入为2844万元，远超平衡点收入，项目收益很可观。

5. 目标利润分析

根据保利点的公式：保利收入 =（固定成本 + 目标利润）/边际贡献率，设目标利润率为10%，即目标利润为10年总盈亏平衡收入的10%，为1576万元。

10年的保利点放电总收入为 $\dfrac{7360万元+1576万元}{46.7\%}$ =19134万元。

按照目前测算依据中的充放电方式，每年的放电收入为2844万元，10年总收入为28440万元，远高于测算的保利点放电总收入。总体来说，按照颁布的工商业目录电价的峰谷差，以及1600元/kWh的储能建设成本，全年运行330天，每天保证两充两放，工商业用户侧储能的收入为28440万元，可以达到10年保利点收入的1.5倍左右。

工商业用户侧储能项目本量利关系图（边际贡献关系图）如图4–5所示。

6. 敏感性分析

固定成本。本项目的总固定成本为7360万元。若系统单位成本从1600元降低为1200元/kWh，则总固定成本可降为5760万元。则盈亏临界点的放电收入为 $\dfrac{5760万元}{46.7\%}$ = 12334万元。

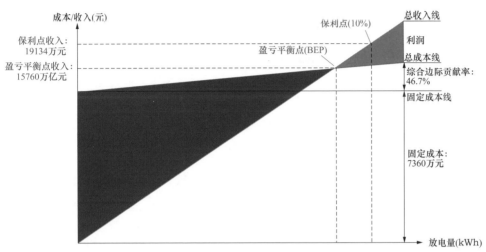

图 4-5　工商业用户侧储能项目本量利关系图（边际贡献关系图）

保利点放电收入为 $\dfrac{5760\text{万元}+1233\text{万元}}{46.7\%}=14974$ 万元（按照 10% 的利润率计算）。

固定成本下降情况下的盈亏临界点放电量与保利点放电量变化情况见表 4-8。

表 4-8　固定成本变化 - 工商业用户侧储能项目收益变化

系统单价 收入	1600元/kWh	1200元/kWh
盈亏临界点放电收入（万元）	15760	12334
保利点收入（10% 利润率）（万元）	19134	14974

基于 10 年的总放电收益 28440 万元，如果电池储能系统的单价可以从 1600 元/kWh 的基础上继续下降到 1200 元/kWh，则工商业用户侧储能系统可以继续扩大盈利能力。

4.3 储能项目投资影响因素

4.3.1 电力现货市场的影响

1. 电力现货市场建设

依据本量利理论的测算，目前典型储能项目盈利主要影响因素为项目的固定成本和运行情况（主要体现为年放电量）。

从成本角度看，未来储能技术的成本依然有较大的下降空间，以储能调频项目为例，功率型储能电池的单位成本若能下降一半，达到目前5600元/kWh左右的水平，已经可以达到盈亏平衡，并做到盈利。

从项目的运行角度看，项目的年放电量与可再生能源的发电量相关，同时也高度依赖于电网的调度机制与相关政策。用户侧储能的年放电量较为稳定，收益的影响因素为峰谷电价差。

从电力体制改革的进程看，我国电网未来将从传统的遵循《关于促进电力调度公开、公平、公正的暂行办法》（电监市场〔2003〕46号）的"三公"调度机制向市场化的电力交易逐步转变，其中，电力现货市场的推进对可再生能源消纳、电力系统对灵活性调节资源的需求以及终端电价的形成机制都会产生决定性影响。正所谓"无现货不市场"，电力的现货交易，可以让电的实时商品属性体现出来，并形成发电侧与售电侧的竞争。

电力现货市场是指开展日前及日内、实时电量交易和备用、调频等辅助服务交易，以短时和即时电力交易为主。

目前全国的电力现货市场试点地区中，大部分还在实验或试运行阶段，离最终成熟还有较长的时间。在今后的很长一段时间里，广大的非现货市场试点地区执行的市场机制还是会从"全部电量由电网统购统销+目录电价销售"模式向"计划调度+中长期电力直接交易"逐渐转变，无论是电厂与电力用户之间的购售电合同，还是售电公司与电力用户之间的电力交易合同，都只是确定月度的大致电量，给出一个固定的值。

电力现货市场推进后，在一个合适的时间提前量上形成与电力用户相适应的负荷变化曲线的优化交易计划。以集中出清的手段促进了电量交易的充分竞争，充分发挥电力资源的高效性。现货市场也为市场主体提供了一个修正中长期发电计划的交易平台，减少系统安全风险与交易的金融风险。

电力现货交易首先对电厂影响巨大，主要有以下几个层面：

（1）电量营销方面。目前，电厂基本根据市场供需、检修计划进行电量申报，执行政府和调度机构制定行政性的发电计划指令。现货市场开启后，电厂须考虑机组的实际运行情况、响应时间、AGC性能，在全面放开发电量计划后，还需要根据成本和市场自行制定开停机方案，从技术上有更大的挑战。

（2）交易策略方面。现货市场启动后，电厂参与市场须采取一定交易报价策略：①现货交易中电厂需制定更贴近市场实时负荷需求的市场报价，报价精度要求更高，市场电价和交易电量的耦合程度也较目前中长期交易更高；②由于现货交易对可再生能源消纳将起到极大的刺激作用，可再生能源边际成本几乎为零，导致发电侧报价可能会更加趋向边际成本报价。比如风力和光伏发电，在风光资源充足的天气条件下，在现货报价中会充分进行竞争，对其他机组产生较大的冲击。

（3）精细化管理方面。现货交易开展后，对电厂的调峰、调频等辅助服务的需求将进一步加大，而且辅助服务的交易方式也会产生很大的改变，例如可增加为实时市场交易或平衡机制提供有偿辅助服务，对响应速度快的发电和储能技术将有利好影响。比如在澳洲现货市场，有7s响应的辅助服务机组（燃气机组）提供服务，其价格是平时价格的4倍。

（4）对实时负荷预测和报价方面。现货市场开展后，在日前报价和日中报价中，需要按照每小时，每半小时甚至每5min进行报价，按照自身的机组和参数响应能力进行报价，这对电厂的发电能力会有较大的影响，如何准确预测发电量、调配发电量、报价的策略，同时要根据滚动的预出清价格来实时调整自己的策略，这要求有快速的响应能力。

综合来看，电力现货交易条件下，可再生能源发电的优势更大，比如当电网调峰资源已全部用尽，日前发电能力小于中长期申报曲线时，可以为可再生能源发电的收益创造很大的空间。可再生能源消纳的提升也同时增加了对电力系统辅助服务的需求，尤其是反应速度快，灵活性高的调频和备用需求。综合来看，电力现货市场的推进对可再生能源的发展和储能异常重要，目前的低碳能源发展中所遇到的很多根本性问题，如可再生能源消纳、灵活性调节资源的合理收益等，最终都需要在电力现货交易成熟的条件下解决。

2. 电力现货机制下储能运行模式

按照原国家电监会《并网发电厂辅助服务管理暂行办法》（电监市场〔2006〕43号）的定义能够清楚地表明，辅助服务的定义采用相对定义法，即需要定义正常的电能生产（输送、使用），才能确定辅助服务的含义；定义了正常的电能生产组织形式变化（由计划到市场），才能定义辅助服务的生产组织形式变化（由计划到市场）。因此，现代电力市场语境下的辅助服务市场化一定以电力现货市场建设为前提条件。

必须要指出的是，电力现货市场条件下辅助服务品种相对补偿机制的辅助服务品种和定价方式发生很大改变。电力现货市场配套的辅助服务机制，主要品种通常为调频和备用，调频的价格将包括调频里程的价格和调频服务被调用引发的电量变化（按当时现货价格结算），备用价格将包括备用服务本身及提供备用时段损失的机会成本（按当时现货价格计算），没有电力现货市场，调频服务引发的电量变化和备用时段损失的机会成本将无法准确定价，不能准确定价调频和备用服务，就无法真正实现市场化。

真正的辅助服务市场化需要以现货市场建设为前置条件。以广东省采用的集中式市场模式为例，如发电机组不愿停机，随着低谷供大于求，价格一路降低，总有一个低价位让承受不了损失的机组降到足够低的功率，而在供电高峰时段，峰值负荷的价格很高，在不超过全体机组物理供电上限的情况下，可以足够吸引边际机组出力。所以，与电力现货市场配套的辅助服务机制不需要调峰辅助服务。即从经济学上讲，电力交易进行过程中，某一主体的货（电）卖不出去，自然就不被允许生产出来。

在电力现货实施地区，储能可以利用电力现货市场尖峰和低谷价格的巨大差异，高抛低买获得收益；可以利用自身性能优势参与调频辅助服务；可以通过逆变器转换提供系统无功；足够大容量的储能设施还可以作为黑启动电源。根据国际上成熟电力市场的发展经验，现货市场就是储能发展的最大助力，核心原因就是现货可以发现电能在不同时间段的真正价值，同时允许不同发电形式和灵活性调节资源展开公平的市场竞争，而可再生能源结合储能会拥有优势。

未来大规模新能源参与市场将引起调频、备用等辅助服务需求和价格的显著提升。传统火电机组将由原先以提供能量为主，转变为以提供辅助服务为主的盈利模式。

储能将成为未来主要的辅助服务提供商，将提高辅助服务的供应能力，平抑市场价格。

另外同时应注意的是，储能的"围城"效益，即，进场即跌价，出场方涨价，市场会根据需求寻找量价平衡点，且早进入市场者有利。储能可参与不同市场提供不同的能源服务，并通过相应的价格机制获得收益。不同的价格机制与各种服务之间相互关联，需要统筹协调储能资源的分配。

在用户侧，从现货市场建设的复杂性，国家已经稳定电价的政策大环境看，今后现货电力价格全面取代目前的目录电价还需要较长的时间，最终的电力现货对用户侧储能的收益影响目前还很难预测。现有的工商业用户峰谷电价套利模式在较长的时间内还会是主要的用户侧储能盈利模式。

4.3.2 储能投资商业模式的影响

从各地的发电上网交易以及辅助服务实行机制的情况来看，特别是市场建设的进展来看，全国已经很难按照同一种模式和阶段考虑，电力现货试点地区和非试点地区执行的电价政策与辅助服务机制完全不同，已经出现了本质的分化。

1. 电力现货市场试点地区

在电力现货市场试点地区，储能的发展可以主要聚焦在可再生能源并网侧和辅助服务侧。现货市场的价格波动，以及可再生能源的出力不确定性，增大了对储能系统参与能量实时平衡的需求。理论上储能有更大的套利空间。

在发展区域方面，可重点关注调频、备用与电能量的联合优化出清的试点地区（如浙江），以及可再生能源渗透率高的地区（如甘肃）。

在具体的商业模式上，随着共享储能的出现，新型经营性租赁模式在储能市场中崭露头角。租赁模式主要涉及的利益方包括储能电池厂商、综合能源服务公司、电网公司、新能源开发商等。

国网综合能源服务集团有限公司负责储能电站站内设计、建设及除电池以外其他相关设备的投资。储能电池厂商向国网综合能源服务集团有限公司出租核心设备，并承担租赁期内储能电站核心设备的运维、检修工作。新能源开发商和国网综合能源服务集团有限公司共同承担储能电站的建设、运维等成本。

由于储能电站建设成本高昂，对于任一方单独投资的压力都较大，这种模式能够将风险分摊至三方共担，但如何确认和划分三方的责任与利益是这种租赁模式能否长久的关键。目前国际上有很多将储能容量、全部或部分使用权出租的案例，如澳大利亚 Hornsdale 风电场侧储能电站将30%的容量租给南澳政府用于电量备用，剩余70%用于自身调用，参加电力市场交易中。

电源侧储能租赁模式示意图见图4-6。

2. 非电力现货市场试点地区

基于较有利的峰谷电价政策，选择峰谷电价差较大的地区（如江苏、浙江、广东等）开发工商业用户侧的储能项目。既可以采用国家电网公司综合能源服务公司建设加运营的形式，也可以采用与电源侧相似的共享租赁模式。采用两充两放的充放电策略，在目录电价体系下可以获得较高的收益。

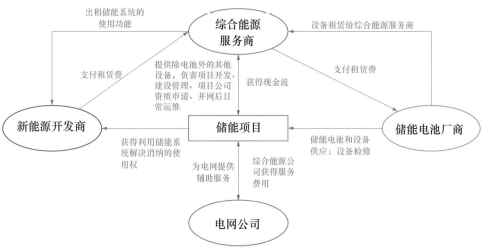

图 4-6 电源侧储能租赁模式示意图

4.4 小结

本章引入本量利分析模型对特定场景下典型区域储能投资进行相关收益分析，首先介绍了本量利模型的相关假设及公式，然后选取典型储能工程，以鲁能海西州多能互补示范工程、山西京玉电厂火电储能联合调频项目及典型工商业储能项目为例进行了投资收益的盈亏平衡、目标利润及敏感性分析。最终根据以上案例，进行了储能项目投资影响因素的相关论述。

5 总结与展望

5.1 储能发展的环境

5.1.1 储能典型应用场景经济性总结

本书介绍了储能目前在国内应用的主要场景，并基于目前的电价政策和储能系统成本，考虑到资金的时间成本，分析了典型场景下的储能项目投资回报情况。从投资回报来看：

（1）可再生能源场站共享储能模式，主要为解决可再生能源消纳问题，收益模式为参与电网调度的调峰收益，项目静态/动态收益率均超过十年，经济性较差。主要原因是储能成本高，以及共享储能运营初期，与可再生电源的交易电量还比较少，大部分都为电网直接调用电量。但随着未来可再生能源占比增多及储能系统成本的降低，经济性有望改善。

（2）电源侧储能调频解决传统火电调频性能不足的问题。收益模式为以基于地区辅助服务"两个细则"的调频补偿，主要影响因素为平均日调频深度和调频补偿力度。具体项目的收益与单个机组调频调用量相关，与调度机制高度相关，个体差距较大。

（3）工商业用户侧储能，主要收益模式为峰谷电价套利，为用户节省用电费用。项目收益主要取决于峰谷电价差，在江苏等工业用户集中，峰谷价差高（0.7元/kWh以上）的地区，用户侧储能回报很高，可以做到4~5年收回投资。

（4）从储能项目收益的影响因素看，储能系统本身的成本是最大的影响因素。在本量利的案例分析中，项目成本中绝大部分都为固定成本，也就是储能系统的建设成本。

（5）储能的成本下降虽然可以大幅改善项目收益，但并不是唯一的影响因素。在电力市场化改革的大环境下，未来的电价政策和电能交易模式会向着现货模式改变。在现货模式中，可再生能源可以凭借较低的边际成本中标，而大幅增加的可再生能源发电则会提升辅助服务的需量与价格。作为最优的灵活性调节资源，储能的发展不仅依赖于自身技术水平的不断提升和成本下降，更主要还是取决于整个电力体制向更高效、更绿色的方向转变。

5.1.2　电网公司发展储能面临的挑战

电网公司独立投资建设电化学储能项目面临严格的政策监管。2019年5月，国家发展改革委、国家能源局发布《输配电定价成本监审办法》（发改价格规〔2019〕897号），明确规定电储能设施等与电网企业输配电业务无关的费用不得计入输配电定价成本，电网侧储能按下暂停键。2019年12月中国南方电网有限责任公司印发了《优化投资和成本管控措施（2019年版）》，要求强化电网投资全过程管控及投入产出机制建设，非管制业务要聚焦战略转型方向优化布局。中国南方电网有限责任公司的各级子公司在独立投资建设电化学储能电站会面临严格的政策监管。

由于未被计入输配电成本，电网侧储能尚缺乏成熟的商业模式。目前，电网侧储能主要采取经营租赁、合同能源管理模式展开，综合收益计算困难，缺乏多利益相关方的结算机制和利益分成机制。未来电网侧储能成本的支付应遵循"谁获益，谁支付"的原则，需要在项目运营核算、综合效益量化评估、多用户服务机制建立等方面开展大量工作。

站在储能行业向商业化发展的角度看，对于电网投资的、连接在输配电侧的储能电站，功能上既可以从事输配电服务，也可以从事辅助服务或参与电力市场交易，如果输配电服务对应的成本可以通过输配电价疏导，而其余成本通过辅助服务市场收回，显然是有利于储能商业化的。

从国家政策角度看，希望由发电和第三方形成辅助服务市场，但储能的潜在目标市场不只限于辅助服务市场，电网公司有电网传输能力不足、应对尖峰负荷、解决无电地区、消纳可再生能源的压力和需求，这也取决于储能在细分应用场景下与传统解决方式（如扩建变电站或线路容量）的经济性比较。

在未来的电力市场化发展过程中，电能量价格、辅助服务价格都逐渐由计划性电价向市场化电价转变。输配电价受到国家严格监管，电网公司对储能需求的成本转移渠道除了输配电价格，在其他如用户侧通过峰谷套利降低尖峰负荷等应用场景，也可以通过新商业模式层面的探索来进行尝试。

5.1.3 新形势下储能发展机遇

（1）"碳达峰碳中和"背景下储能是促进可再生能源规模化应用的前提。虽然电网投资储能的渠道在政策层面遇到阻力，但2020年中国承诺采取更加有力的政策和措施，力争于2030年前使二氧化碳排放达到峰值，并在2060年之前努力达成碳中和的目标。这一目标彰显了我国积极应对气候变化、走绿色低碳发展道路的雄心和决心，也再次将电力行业对于储能的需求摆上了前台。

根据国际能源署统计数据，碳排放较大行业分别是能源生产（50%）、制造业和建筑业（30%）、交通业（10%）。这些行业的碳排放占排放总量的90%。目前，能源生产行业排放仍是我国主要碳排放来源，包括燃煤电厂、天然气发电等。

能源电力行业是碳技术最成熟、成本最低的行业，承载着最先实现碳中和甚至负排放的期望。以碳中和为目标，本质上为我国能源电力行业发展厘清了后续发展的思路，进一步加快我国能源绿色转型，促进我国能源体系实现"双主导""双脱钩"，即能源生产清洁主导、能源消费电能主导，能源发展与碳脱钩、经济发展与碳排放脱钩。

在能源供给方面，当前可再生能源装机容量远不能实现碳中和目标，清洁能源将持续高速发展，并将有力促进储能装置大规模应用，需要加快突破现有技术、政策桎梏，推动能源领域产业转型升级。

在未来可再生能源发展比例会大幅上升的背景下，电力现货交易稳步推进的大环境下，电力系统面临着更大的保持电力平衡的压力。而储能作为重要的灵活性调节资源，从电力系统的调节需求看是有很大的发展潜力的。

风力和光伏发电受季节、气象因素的影响，具有较大的间歇性和随机性，未来新能源消纳面临巨大挑战，储能技术是有效利用可再生能源的核心技术之一。通过配置储能系统，既可以实现太阳能、风能等可再生能源发电功率的平滑输出，提高可再生能源发电电力质量，又将风电、光伏的电力生产和消纳进行解耦，使得传统严格实时平衡的"刚性"电力系统转为"柔性"，进而实现大规模入网，促进可再生能源的开发和利用。2020年以来，十余个省份密集发布了鼓励或强制新能源配置储能的政策，储能配置比例为5%~20%，时长为1~2h。

（2）储能是提高电力系统运行效率和效益的重要手段。"十三五"期间，各级电网高峰负荷持续时间较低，超过最大用电负荷95%的持续时间普遍低于24h，对应电量不超过全年电量的0.5%。据测算，受第二产业用电比重稳步下降、第三产业和居民用电占比逐年提高影响，"十四五"期间最大负荷增速将高于用电量增速，用电负荷尖峰化特征明显，峰谷差进一步加大。依靠传统电源建设方式应对持续时间短的尖峰负荷，投资建设的经济性差，储能电站减少了建造调峰电站、备用容量和输配电扩容等的投入，可提高社会整体经济效益。

（3）储能对保障电力系统安全稳定运行不可或缺。未来，随着新能源装机的增大，其功率波动将进一步增大，仅靠常规电源调节难以应对新能源日内功率波动。新形态下电网安全防御，需要在数百毫秒内快速抑制数百万乃至上千万千瓦有功能量对系统的冲击，迫切需要在电力系统内增加更为灵活、可靠、快速的大规模有功调节资源。规模化储能可为系统提供强大的调峰手段以及灵活、可靠、快速的频率调节和惯量支撑手段，从而提高电网抵御扰动和维持稳定的能力，保证电力系统的安全、稳定运行。

（4）储能系统成本的经济性拐点开始出现。根据美国咨询公司 Wood Mackenzie 的研究结果，2022 年之后，全生命周期的 4h 储能系统建设成本与燃气电站相比，已经具有很强的竞争力。彭博新能源财经统计数据显示，2019 年电动汽车动力电池每千瓦时成本约为 156 美元，较 2010 年每千瓦时 1100 美元的成本下降了 85%。按照目前趋势，到 2024 年，在生产规模持续扩张以及电池效率不断提升的情况下，动力电池成本有望降至每千瓦时 100 美元以下。根据瑞银集团预测，到 2025 年储能成本有望下降 1/3，而未来十年里，储能成本预期下降幅度将达到 66%~80%，2025~2027 年间，储能加上可再生能源发电系统预期能够实现完全的平价上网。

（5）电力市场建设为实现储能价值提供了有利的环境。在《中共中央国务院关于进一步深化电力体制改革的若干意见》（中发〔2015〕9 号）的指导下，各省（区）结合政策要求和自身实际纷纷开展了包括输配电价核定、售电侧改革、直接交易等多种类型的改革实践，电力市场化建设取得较大进展。南方（以广东起步）、蒙西、浙江、山西、山东、福建、四川、甘肃作为第一批电力现货市场改革试点，于 2019 年 6 月底前已经全部投入现货市场模拟试运行，现货市场建设取得阶段性成就。2019 年，以调峰、调频为主要品种的电力辅助服务市场机制已在东北、华北、华东、西北、福建、山西、山东、新疆、宁夏、广东、甘肃、重庆、江苏、蒙西共 14 个地区启动。从各地区辅助服务市场规则条文来看，基本明确了储能参与辅助服务市场的身份，独立储能电站和联合储能电站形式均被允许参与辅助服务。

5.2 储能项目经济性展望

5.2.1 收益渠道明确的应用

从储能的应用领域看,目前储能参与火电调频辅助服务以及工商业为主的用户侧削峰填谷有明确的收益渠道,具有项目盈利条件:

(1)参与调频需明确主体与长效费用回收机制。

1)储能参与辅助服务的主体地位。我国现行电力辅助服务补偿机制本质上是并网发电厂辅助服务补偿机制。在商业模式上,发电机组仍然是辅助服务提供的财务主体和主要物理提供主体,发电企业承担辅助服务费用分摊,发电企业通过调频服务获得补偿费用,并将补偿费用按照约定在发电厂和储能集成商之间进行分配。据此,形成了世界范围内独创的发电机组——电化学储能联合调频模式。该种模式在京津唐地区和山西省得到了广泛应用,这极大地促进了储能在电力系统辅助服务中的应用。

京津唐电网曾经就储能作为独立调度单元参与市场进行了讨论。电化学储能技术独立参与辅助服务提供,能够更加充分地发挥其无死区、速度快、精度高的特点。因此,在相关文件中,逐步表达了将辅助服务财务主体和物理提供主体分开的意思。即电化学储能以及负荷侧主体可以直接作为调度单元提供辅助服务,不一定装在发电厂内,只要满足独立接受调度指令的能力即可。

从辅助服务补偿机制和新一轮电改的情况看,经过一段时间的努力,所有能够接受调度机构指令、具有一定能量密度、能够提供时间维度上功率调节能力的电器设备均应被视为可以作为辅助服务经济机制的主体,提供同样效果的辅助服务可获得同样数量的辅助服务费用。

2)建立长效的辅助服务费用回收机制。从目前阶段辅助服务经费来源看,辅助服务市场是由发电企业集体承担的"零和游戏",即假定所有发电企业核定电价中均有同等强度的辅助服务义务，提供了自己应有强度辅助服务的发电机组拿到核定电价，提供高于自身强度辅助服务的发电机组可以从多提供服务部分获得补偿，提供低于自身应有强度辅助服务的发电机组因少提供部分应向提供多的发电机组提供费用。这也是现行辅助服务机制被称为补偿机制的核心原因，即受益者（用户）不支付费用，由提供者支付。

2015年，新一轮电力体制改革开始后，虽然短期内没有影响辅助服务补偿机制的正常执行，但是从原理上看，原有辅助服务补偿机制的基础发生了很大变化。

上网电价的放开使辅助服务补偿机制由发电企业承担的前置假设不再存在。随着上网电价逐步放开，发电侧承担辅助服务费用立论的假设（标杆电价体系考虑了一定比例的辅助服务成本）已经逐渐不存在。实际交易中，发用双方协商形成的电价仅针对电能量价格进行博弈，均未考虑辅助服务费用。按照"管住中间、放开两头"的思路，既然发用双方自行确定电价，考虑到辅助服务是电能生产必不可少的组成因素，无论辅助服务的成本如何、费用高低，都应当由电力用户承担辅助服务费用。

部分观点认为，在实体经济困难阶段，难以直接向用户疏导，这确实是一个很重要的问题，也是目前监管者推动辅助服务机制时进退两难的地方。

按照实际情况，由于目前发电能力相对过剩，各地直接交易的均价均低于国家核定电价，即电力用户享受到了低于国家目录电价的价格。此时，将辅助服务费用列入，按照度电分摊方式转移给电力用户，用户看到账单上存在辅助服务费用，但是感受电价仍然是降低，并不会引发太大阻力。当用户明确辅助服务是单独收费的商品后，逐步会习惯账单上的辅助服务费用，随着辅助服务费用和电能量费用支出统一，辅助服务就名正言顺地进入到用户侧。

今后，就储能参与辅助服务市场机制而言，还应分阶段优化市场机制，率先明确不同储能应用形式的市场身份，厘清不同电力系统环境下的调节资源需求，然后利用市场规则反映储能灵活调节能力价值，并由受益方进行支付。在现有电力系统建设运行机制下，储能等技术的发展产生了替代价值，需要合理评估这类技术的价值需求，并通过市场化的方式体现其价值特性。

（2）工商业市场化交易仍需挖掘潜力。

各地区一般工商业用户或大工业用户峰谷价差最大，储能技术应用应重点是第三产业用户和部分非24小时3班生产的工业用户。城乡居民侧虽有储能应用需求，但经济性较差。工业用户还要考虑用户实际负荷曲线，而商业类用户及为商业和办公所建设的公共建筑都具备储能应用空间，特别是办公楼宇、商业建筑、酒店等大型综合建筑具有较大储能应用潜力，此类主体将成为储能应用重点开发用户群体。

未来，随着电力市场（特别是现货市场）试点的推广，市场化交易在激励和约束两个方面促使售电公司和用户开展精细化管理，而储能是增加收益和减少考核风险的重要手段。未来在供需平衡略紧的情况下，售电公司和用户的议价能力将不仅来自自身电量的多少，还体现在自身负荷曲线的平稳性上。

此外，偏差考核的出现也刺激用户提高用电判断能力及具备一定的用电调整能力。如广东省在2017年规定，参与批发市场的电力用户和售电公司允许有 ±2% 的偏差，偏差在此范围内的可免予考核，而偏差在此范围之外的电量要面临两倍的月度集中竞价成交价差绝对值的考核。而在京津唐地区，因电力用户或售电公司原因造成交易单元月度实际用电量与交易合同电量的偏差在5%以内时，免予考核，偏差超过5%时，超出部分电量视为市场化偏差考核电量，应向相应发电企业支付市场化偏差考核电费。未来随着市场的逐步完善，偏差考核要求会更加规范。对售电公司而言，承诺用户不承担损失或为用户规避预测不准所带来的风险，成为当前阶段售电公司主要的服务内容。管理的提升和人为的干预可提升实际完成量和承诺量间的一致性，而储能应用将成为降低用户考核风险的技术保障。

5.2.2 收益渠道尚未明确的应用

1.电网侧储能

与国外开放电力市场国家相比，我国储能项目商业运营模式较为有限，特别是电网侧储能项目商业运营模式仍受政策和市场的双重制约。电网侧储能项目若仅提供电力系统服务（如替代输配电资产），在储能无法通过监管机制纳入输配电资产的前提下，电网投资成本难以回收。

电网侧储能项目可分为电网投资拥有的储能项目和其他社会资本投资拥有的储能项目（可被电网调用），社会资本投资的储能项目可以是用户侧、发电侧和其他独立储能电站项目等。这些项目都可被电网调度运营并为电力系统提供服务，从长远来看，这些被调用的储能电站既可为电网提供安全应急服务，也可参与电力市场，获得来自市场的价值回报。

电网侧储能电站可以通过电价和电力市场回收项目投资回报，针对项目来源和投资采购方式差异，电网侧储能项目投资回报机制有所不同。

（1）电网投资储能项目。在电力市场尚未完善的情况下，电网直接投资的储能站可通过输配电价进行疏导，但要明确电网侧储能项目的建设目的，其为替代传统输配电资产、提供安全应急服务、政治保电任务和国家地方示范项目而建设的储能电站可纳入输配电价进行补偿，其成本补偿可进入每年折旧的投资成本。对于电网侧储能项目全额计入输配电价的情况，其参与电力市场所获得的收益应在输配电价中予以扣减。随着电力市场的成熟，电网投资的储能电站应优先参与电力市场竞争，并获得相应回报，而市场回报不足部分还可准许进入输配电价，予以相应补偿。对于通过市场回报所获得的超额应补偿费用，电网公司可从中获得一定比例的奖励费用。

（2）社会资本投资储能项目。电网公司可向社会资本投资的储能站采购服务，并拥有储能设备的使用权。在电力市场尚未健全的情况下，电网公司可租用储能设备，电网公司作为运营主体向储能系统供应商支付租赁费用，为替代传统输配电资产、提供安全应急服务、政治保电任务和国家地方示范项目而租用的储能电站成本可纳入输配电价进行补偿；电网公司也可制定相应服务补偿规则（如需求响应），调用其他主体储能资源参与提供服务，相应支付成本可计入输配电价。与电网投资的储能电站类似，被调用的储能电站也可参与电力市场获益，但要避免同一成本获得来自电价和市场的双重重复补偿。对于电网侧储能参与市场所获得的收益，需扣除收益后再纳入输配电价补偿，而若电网侧储能项目参与市场所获得的收益高于储能租赁费用，则可由电网公司获得一定比例的绩效奖励。

故社会资本投资建设的储能项目主要通过服务采购方式获得收益，如租金收益或电网企业所提供的服务补偿；而项目运营主体初期主要通过政府定价即输配电价获得补偿，未来将广泛参与电力市场并获得市场所提供的回报，但市场所获得的收益应在输配电价补偿中予以核减。

2.可再生能源配套储能

随着新能源占比在电力系统中越来越高，由于本身具有随机性、波动性、间歇性，势必需要大量可调节资源配套，而储能是一种非常好的协调发电和负荷之间时空不匹配的手段。

目前在电源侧，新能源场站配置储能，获取利润的主要模式是通过储能装置改善新能源场站运行特性，从而减少弃风弃光。这对于弃电严重和新能源上网电价高地区的场站具有较好的投资前景。但是，"新能源+储能"虽然已经成为行业发展的趋势，但是如果以"一刀切"的方式（如固定比例）配备储能，特别是在风电、光伏等新能源发电迎来平价上网之际，新能源配备储能后的成本、政策引导和监管、行业标准以及老生常谈的"谁付费、谁买单"等问题都成为摆在"新能源+储能"面前的拦路虎。

国内储能市场要提高项目经济性，也应从开放市场入手，允许储能系统运营商作为市场主体提供多元化服务，进而获得多渠道收益。在未来电力现货市场条件下，可再生能源凭借低边际成本大量上网，需要有大量的储能资源提供调频调峰、系统备用和故障调节等公共服务，但现在面临的主要问题是政策支撑不足。如果作为独立的储能电站接入公共电网，当前的商业化运作模式还是处于探索阶段；如果开展共享储能，为新能源场站提供调峰服务，现在基本处于一场一策、一事一议的阶段，收益存在很大不确定性。未来储能的发展是在电源侧还是电网侧，最终取决于电力市场的推进力度和储能技术的不断发展。

5.3　电网侧储能的发展建议

目前电网侧储能因为政策原因发展停滞，而电源侧与用户侧的储能项目价值与收益高度依赖于电力市场改革的推进速度，尤其是电力现货市场的建设力度。在目前的调度机制和目录电价体系下，部分储能火电联合调频项目和用户侧项目可以获得不错的收益。

未来，电力现货市场与中长期电量交易模式互为补充的模式是改革的目标，储能的投资收益也会逐渐从受目前的计划调度和目录电价影响向受市场化电价的影响转变，在这样的大环境下，电网企业的储能发展布局建议以如下的重点开展：

（1）突破电化学储能在建模仿真、需求价值评估、协调控制方面的关键技术。

1）大规模储能电站建模仿真技术。为研究储能电站对电力系统的影响，通常需要建立储能系统仿真模型来对储能系统进行分析。当前，仿真中使用的模型大部分是简化的电池模型，对于大规模电池储能电站来讲，仅仅通过简化的储能模型无法完整地体现储能系统相关特性。目前对于储能电站等值模型的相关研究工作还比较少，针对大规模电池储能电站的等值建模方法还鲜有文献提及，面向电池储能电站的储能系统等值方法研究仍然亟待开展。

2）多场景下的共享储能需求评估和综合价值评估。考虑新能源和负荷的不确定性，研究适用于提升用能经济性、提高综合能效水平、促进新能源消纳、满足并网考核要求、延缓电网投资等多目标的共享储能容量需求评估方法。综合考虑共享储能在提高可再生能源消纳量，提高能效利用水平，提高电力系统灵活性、安全性、稳定性等的多重应用价值，研究建立共享储能综合价值评价指标体系和评价方法。

3）规模化分布式储能聚合建模及协调控制。分布式储能在未来电网广泛应用是必然趋势，作为需求侧资源，在电力市场环境下，如何通过聚合管理参与电网运行的研究日益迫切。研究国内外辅助服务、需求侧响应、电力现货市场等政策及规则，探索分布式储能聚合模式，研究规模化分布式储能系统不同应用场景下参与电网调度的聚合方案，研究规模化分布式储能的协调控制策略，为分布式储能作为需求侧响应资源参加电网运行提供理论指导。

（2）加快共享储能、储能+等新型储能商业模式创新与突破。

1）加强集中式新能源与储能协同发展模式研究。在新能源富集区域统筹规划储能配置，推进新能源和储能配套应用，发挥储能稳定可再生能源波动的技术能力，实现不同时段可再生能源波段出力的时移目标及一次调频技术要求，高效促进新能源规模消纳。

2）推进多方共赢的共享储能模式研究。研究多方主体参与的共享储能建设投资模式，推进辅助服务市场改革，推动储能配置与新能源配额机制全面挂钩，实现一个储能电站为多个新能源场站和电力系统服务的价值输出。

3）促进分布式新能源合理配置储能模式研究。在孤岛、偏远地区、重点产业园区等场景中，利用分布式能源配置储能系统解决无电、供电质量差等难题，降低用户用电成本支出，替代污染能源使用。挖掘5G通信基站、数据中心、矿区、船舶岸电等新型用户侧领域的模式。评估储能系统替代传统备电设备的可行性，挖掘梯次利用、多站融合等的应用潜力。

（3）推进储能多技术、多场景示范工程规划与落地。

1）虚拟电厂区域示范。验证一定规模以上的虚拟电厂技术的可靠性，加快不同时间量级的需求响应技术的开发，验证大规模分布式储能聚合和调控技术。

2）开展共享储能应用示范。重点在青海、江苏、山东、湖南等对共享储能有需求的地区开展共享储能应用示范。

（4）开拓商业和政策环境具备优势的国际储能市场。作为更具价值的综合方案解决者，优秀的储能系统集成商在电力系统中扮演着越来越重要的角色。开拓海外市场，需要熟悉各国法律法规、能源政策、电力市场等，评估国外重点国家储能业务前景及规模，选取商业和政策环境具备优势的国家，针对具体需求建立起基于不同应用场景的储能解决方案，积极稳妥地开拓国外市场。

（5）加快推进网侧储能项目混合所有制改革。鉴于当前电网公司建设储能项目遇到的电网侧储能成本疏导困难、商业模式不够清晰等问题，建议电网公司推进网侧储能项目的混合所有制改革，通过剥离相关资产、引入社会资本、进行市场化运营等手段，倒逼网侧储能项目摆脱旧有单一经营模式，寻求新的市场化经营方向。

在融资方面，电网公司应充分运用资产证券化等新型金融工具，拓宽融资渠道、降低融资成本、增强资金流动性，以缓解储能项目建设与运营的资本金压力并分散风险，从而全面应对新能源大规模接入对于短期内电网公司发展储能的强烈需求。

参考文献

[1] 孙振新，刘汉强，赵喆，等．储能经济性研究[J]．中国电机工程学报，2013，33（S1）：54-58．

[2] 熊雄，杨仁刚，叶林，等．电力需求侧大规模储能系统经济性评估[J]．电工技术学报，2013，28（9）：224-230．

[3] 何颖源，陈永翀，刘勇，等．储能的度电成本和里程成本分析[J]．电工电能新技术，2019，38（9）：1-10．

[4] 傅旭，李富春，杨欣，等．基于全寿命周期成本的储能成本分析[J]．分布式能源，2020，5（3）：34-38．

[5] 黄际元，李欣然，黄继军，等．不同类型储能电源参与电网调频的效果比较研究[J]．电工电能新技术，2015，34（3）：49-53+71．

[6] 李建林，黄际元，房凯．电池储能系统调频技术[M]．北京：机械工业出版社，2018．

[7] 李东辉，时玉莹，李扬，等．储能系统在能源互联网中的商业模式研究[J]．电力需求侧管理，2020，22（2）：77-82．

[8] 刘畅，徐玉杰，张静，等．储能经济性研究进展[J]．储能科学与技术，2017，6（5）：1084-1093．

[9] 陈浩，贾燕冰，郑晋，等．规模化储能调频辅助服务市场机制及调度策略研究[J]．电网技术，2019，43（10）：3606-3617．

[10] Anya Castillo, Dennice F. Gayme. Grid-scale energy storage applications in renewable energy integration: A survey. Energy Conversion and Management, 2014, 87（1）：885-894．

[11] Oliver Schmidt, Sylvain Melchior, Adam Hawkes et al. Projecting the Future Levelized Cost of Electricity Storage Technologies[J]. Joule, 2019, 3（1）: 81–100.

[12] 中国注册会计师协会. 财务成本管理[M]. 北京: 中国财政经济出版社, 2020.

[13] 刘畅, 李德鑫, 吕项羽, 等. 储能电站商业运营模式探索及经济性分析[J]. 电器与能效管理技术, 2020（10）: 16–20.

[14] 杨裕生, 程杰, 曹高萍, 等. 规模储能装置经济效益的判据[J]. 电池, 2011, 41（1）: 19–21.

[15] 中国注册会计师协会. 税法[M]. 北京: 中国财政经济出版社, 2020.

[16] 韩颖, 边旭, 孙勇. 成本性态分析的方法[J]. 技术经济, 1999（11）: 62–64.

[17] 王湘国. 本量利分析法的决策指标及其应用[J]. 纳税, 2020, 14（3）: 178+181.

[18] Zhang M M, Zhou P, Zhou D Q. A real options model for renewable energy investment with application to solar photovoltaic power generation in China[J]. Energy Economics, 2016, 59（9）: 213–226.

[19] 李晓宇, 吴果莲, 苑秀娥, 等. 可再生能源发电侧储能项目经济评价研究[J]. 电力科学与工程, 2023, 39（8）: 41–52.

[20] 李军徽, 范兴凯, 穆钢, 等. 应用于电网调频的储能系统经济性分析[J]. 全球能源互联网, 2018, 1（3）: 355–360.

[21] 潘福荣, 张建赟, 周子旺, 等. 用户侧电池储能系统的成本效益及投资风险分析[J]. 浙江电力, 2019, 38（5）: 43–49.

索 引